SCIENCE AT YOUR SIDE

科学在你身边

盛文林文化◎编

U0669992

20世纪最伟大的
科学实验

利用身边自然科学资源，培养学生科学创造能力。
以学生兴趣和内在需要为基础，
充分挖掘身边资源，
提高学生的综合素质能力。

延边大学出版社

图书在版编目（CIP）数据

20 世纪最伟大的科学实验 / 盛文林文化编著. —延吉
：延边大学出版社，2012.6（2021.4 重印）
（科学在你身边系列）
ISBN 978-7-5634-4923-1

Ⅰ．① 2… Ⅱ．①盛… Ⅲ．①科学实验－普及读物
Ⅳ．① N33-49

中国版本图书馆 CIP 数据核字（2012）第 125473 号

20 世纪最伟大的科学实验

编　　著：盛文林文化
责任编辑：李东哲
封面设计：映像视觉
出版发行：延边大学出版社
社　　址：吉林省延吉市公园路 977 号　邮编：133002
电　　话：0433-2732435　传真：0433-2732434
网　　址：http://www.ydcbs.com
印　　刷：三河市祥达印刷包装有限公司
开　　本：16K 155 毫米 ×220 毫米
印　　张：11 印张
字　　数：120 千字
版　　次：2012 年 6 月第 1 版
印　　次：2021 年 4 月第 3 次印刷
书　　号：ISBN 978-7-5634-4923-1
定　　价：36.00 元

前 言

　　20世纪是科学技术获得空前发展并取得辉煌成就的一个世纪，这些科学成就使人类的生产和生活方式发生了翻天覆地的变化，同时也深刻地改变了人类的思维观念和认识世界的方式。

　　20世纪，人类在理论科学领域的主要成就有相对论、量子力学、宇宙膨胀理论等；技术领域有各种交通工具、航天技术、化学合成技术、原子能技术、半导体技术、激光技术、无线通信技术、电子计算机、数字化技术等；在生命科学和生物技术领域，有遗传基因的揭示、病原体的发现、抵御病原体的药物、器官移植、动植物的转基因技术、克隆技术等。

　　可以这样说，人类在科学领域取得的每一项科学成就，都与实验紧密相关。正是一次次了不起的科学实验催生了一项项伟大的科学技术或科学发明；正是一次次了不起的科学实验证明了一个个科学理论或科学假说。例如，作为20世纪科学发展的理论先导和基础的相对论与量子力学，分别是由爱因斯坦和普朗克提出的，他们的理论得到公认，正是通过许多科学家的实验来证实的。如果没有科学实验来验证，他们的理论就只是假说，也不可能得到应用和推广。

　　了解20世纪的一些科学实验，对于提高青少年朋友的科学素养，特别是

　　培养他们的动手实践能力显然是大有裨益的。为此我们组织编写了这本《20
世纪最伟大的科学实验》。

　　本书力图选取20世纪堪称最伟大的科学实验，但肯定会有遗珠之憾。好
在我们做的只是一项抛砖引玉的"实验"，希望引起青少年朋友对科学的兴
趣，对科学实验的重视。

目录

最伟大的物理实验

CONTENTS目录

最伟大的机械实验

CONTENTS目录

最伟大的物理实验

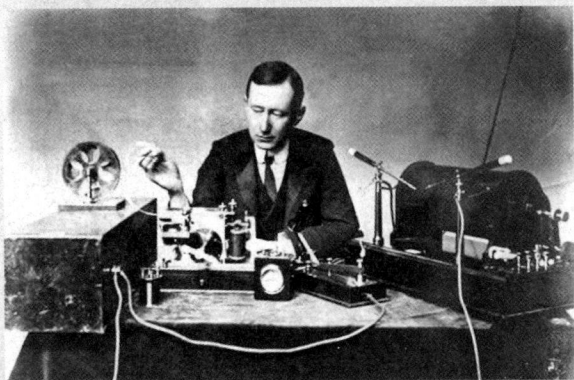

卢瑟福的实验与原子结构

英国的卢瑟福是20世纪最伟大的实验物理学家之一，在放射性和原子结构等方面，都作出了重大的贡献。被称为"近代原子核物理学之父"。

1899年，卢瑟福发现铀放射出来的射线是多种多样的。他让这些射线垂直于磁感应强度的方向通过磁场，根据射线被磁场偏折的程度，他判断出有一种射线是带正电荷的，另一种射线是带负电荷的，第三种射线根本不带电。卢瑟福用希腊文的头三个字母给这三种射线命名，分别称为 α 射线、β 射线和 γ 射线。后来，他进一步研究提出，带正电的 α 射线就是氦原子核，带负电的 β 射线就是高速电子流。

卢瑟福

在加拿大麦克吉尔大学工作期间，卢瑟福还发现了新的放射性元素钍。1902年，他发现放射性元素在放出射线以后，其放射性强度会逐渐减弱，最后变成另一种元素。在实验的基础上，他提出了放射性元素的衰变理论。因此，在1908年，卢瑟福获得了诺贝尔化学奖。他对自己不是获得物理奖而是获得化学奖而感到意外，他在得奖演说中风趣地说："我竟摇身一变，变成一位化学家了。"并幽默地说："我现在从一个物理学家向一个化学家的变化是我到目前为止所见到的最快的变化。"

1907年，卢瑟福回到英国，应聘担任了曼彻斯特大学的物理学教授。他以赶超剑桥大学卡文迪许实验室为自己的奋斗目标，以充沛的精力和惊动全世界的科学成就，使曼彻斯特大学第一次成为全世界的科学中心之一。

在曼彻斯特大学工作期间，**卢瑟福最大的科学成就之一是提出了原子的核式结构学说**。事情是这样的，**汤姆生发现电子的事实，使人们打破了原子是不可分割的物质最小单位的概念。既然电子是从原子里出来的，那么除电子之外，原子里还有什么东西呢？电子在原子里又是怎样分布的呢？**为了说明原子的结构，汤姆生提出了一个原子模型。他认为，既然原子从整体上看是中性的，而电子是带负电荷的，所以原子里必定有等量的正电荷存在。为了说明原子的稳定性，他假设电子均匀地分布在原子内的正电荷中，并在平衡位置附近振动。人们俗称汤姆生的原子模型为"葡萄干蛋糕模型"。

当时，许多人认为汤姆生的模型已经成功地解决了原子结构的问题。而卢瑟福则认为，要了解原子里面有什么东西，最好是用"炮弹"打到原子里面去试探一下。他所选用的"炮弹"就是α粒子。1909年，卢瑟福的助手盖革和马斯顿进行了著名的"α粒子散射实验"。他们用α粒子去轰击很薄的金箔做的靶子，并通过荧光屏记数来观测穿过金箔的α粒子被金原子散射的情况。实验表明，绝大多数α粒子笔直地穿过金箔，有少数α粒子发生了偏折，只有极少数α粒子发生了大角度的偏折，甚至被反弹回来。如果根据汤姆生的模型来计算，根本不可能出现向后反弹的α粒子。事后卢瑟福回忆道："在我的一生中，那是一件最难以置信的事。这就像你发射了一颗38厘米口径的炮弹射向一张薄薄的卫生纸时，却被那张纸弹回来而打在你身上一样令人不可置信。"

但是，实验事实是毋庸置疑的。始终把实验看得高于一切的卢瑟福认为，汤姆生的模型与实验事实不相符。于是，在1911年，他提出了"小太阳系"的原子模型："原子的中心有一个核心，叫做原子核。电子围绕原子核在不停地旋转，原子质量的绝大部分以及原子内的全部正电荷都集中在原子核上。"

卢瑟福根据α粒子散射实验现象提出原子核式结构模型。该实验被评为"物理最美实验"之一。他因为开创了原子核物理学这一新领域，被人们尊称为"原子核物理学之父"。

1919年，汤姆生因身兼两职而辞去了剑桥大学卡文迪许实验室主任职务，并推荐卢瑟福担任这个现代物理研究中心的主任职务。就在这一年，他用α粒子轰击氮的原子核，成功地实现了原子核的人工转变，并发现了质

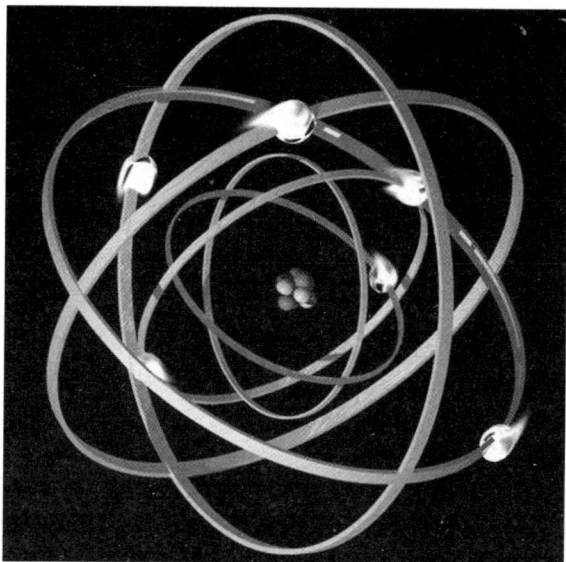

卢瑟福"小太阳"原子模型

子。

从1925年到1930年，卢瑟福担任了伦敦皇家学会主席。1931年，由于他在科学发展上所作出的成就，受封骑士称号，并享有纳尔逊勋爵的爵位。他于1937年10月19日卒于剑桥，并葬于牛顿和法拉第的墓地之侧。

卢瑟福不仅在科学研究方面取得了巨大的成就，而且在培养人才方面也作出了卓越的贡献。他培养了两代世界上第一流的物理学家。在他的助手和学生中有14人获得了诺贝尔奖，其中玻尔、威尔逊、里查逊、查德威克、阿普顿、布莱克特、鲍威尔、卡皮查、科克罗夫特和瓦尔顿共10人获得诺贝尔物理学奖；索迪、阿斯顿、亥维赛和哈恩共4人获得诺贝尔化学奖。这在科学发展史上和教育学史上是空前的，一个人能培养出这么多的世界科学冠军，使全世界的人们都感到惊讶和敬佩！

瑞利的实验与"紫外灾难"

英国物理学家瑞利，1842年生于英国的特伦，由于出身贵族，所以从小受到良好的教育。他在中小学时代，头脑聪敏，才气初露。1860年，以优异的成绩考入剑桥大学，1865年大学毕业时，名列最优等。当时剑桥的主试人指出："瑞利的毕业论文极好，不用修改就可以直接付印。"

瑞利毕业后，在剑桥任教职，他对教学尽心尽力。1879年，剑桥大学著名物理教授麦克斯韦去世，空缺的剑桥大学卡文迪许实验室主任职位，由瑞利继任。瑞利对科研事业热情极高，投入了全部身心。他担任卡文迪许实验室主任之后，扩大了招生人数，把革吞学院和纽那姆学院加以整顿，并批准招收女学生，使妇女和男子一样，享有同等的受教育的权利。瑞利在担任主任期间，自己带头捐出500英镑，同时还向友人募集了1500英镑，为实验室添置了大批的新仪器，从而使实验室的科学研究设备得到充实。瑞利在卡文迪许实验室，精确地进行了银的电

瑞利

化当量研究，从而为电化学的发展作出了贡献。同时，他还对气体的化合体积及压缩性做了精密的定量研究。此外，他对光化学的研究也很有成就。

瑞利是注重严格定量研究的化学家之一，他的作风极为严谨，对研究给果要求极为准确，这一点，成了他在科学上作出杰出贡献的重要基础。

瑞利的一项重要研究是从空气和氮的化合物中制取纯净的氮。他经深入的实验研究，1882年，向英国科学协会提出一份报告，精确地指出，氢和氧的密度比不是1：16，正确的比例应为1：15.882。从这件事可以看出他那极为严谨的工作态度。他还从事气体的化合体积及压缩性的精密测量，计算出许多气体在极限情况下的摩尔体积，并严格测定了氮的密度。瑞利在制取氧和氮的过程中发现，用三种不同的方法制取的氧，密度完全相等，而用不同的方法制取的氮，密度则有微小的差异。如由氨制得的氮，与由空气制得的氮密度就不同，前者要小5/1000左右。对此，他自己反复验证了多次。尽管从实验的角度来看，这个微小的差别是在允许范围内，但瑞利发现，这个"误差"总是表现为由空气除去氧、二氧化碳、水以后获得的氮，比由氮的化合物获得的氮重，误差虽小，但是不对称，这是用传统的说法无法解释的。因而，他将这一实验结果刊登在英国的《自然界》周刊。

瑞利首次在实验中精确测定了气体密度，1895年发现从液态空气中分馏

出来的氮，与从亚硝酸铵中分离出来的氮，有极小的密度差异。这一事实导致空气中的一个稀有元素——氩的发现，因而获得1904年诺贝尔物理学奖。

19世纪末，物理学界大力研究热辐射，也就是研究辐射的能量和波长的关系。如果物体加热到一定程度，比如说一块铁加热得变成暗红色，它的辐射变为理想状态，这时就是"黑体"了。当时研究"黑体辐射"的科学家很多。德国物理学家鲁本斯作了很多实验，得到了很多实验数据。

1900年，瑞利在研究热辐射中和物理学家金斯共同提出一个公式。用这个公式计算出能量与波长关系，在波长很长(频率很小)时，与实验结果相符，而在波长很短时，公式与实验数据就相差太远了。

他们推导的公式为什么会有"毛病"？经检查，实验无误，逻辑合理，思路清楚，步骤正确，没有错误。于是人们怀疑能量的计算概念上有问题，也就是经典理论关于"能量均分定则"有了毛病。换句话说，经典理论解释不了辐射现象，这一问题被莱顿大学物理权威、荷兰物理学家厄伦费斯特称为"紫外灾难"。

"紫外灾难"的出现就意味着经典物理理论发展到尽头了，该有新的理论出现了。正是由于瑞利等人的发现，使经典理论的"美丽而晴朗的天空"中卷来了乌云，造成"山雨欲来风满楼"的形势。这使20世纪物理学大革命就要到来了。

瑞利1919年逝世后，他的实验室曾供科学界参观，凡是来访问的科学家，对瑞利所用仪器的简单莫不惊异。瑞利实验室中的一切重要设备虽外形粗糙，但都制造得十分精密。瑞利就是用这些仪器做了极为出色的定量分析。后人经常记起这位伟大科学家的名言：一切科学上的最伟大的发现，几乎都来自精确的量度。

父子俩的实验与X射线晶体结构

英国物理学家亨利·布拉格与儿子劳伦斯·布拉格，1915年两人同获诺贝尔奖，这是绝无仅有的奇事，令人赞叹！

亨利·布拉格生于1862年，七岁母亲去世，被送到伯父处照管。伯伯对他很好，共生活了六年。后来，父亲把他送到了中学。家里贫穷，节衣缩食供他读书。

亨利·布拉格在贫苦和困难中努力勤奋地学习，表现杰出，成绩优异。后来又遇见了汤姆生。在汤姆生的影响、鼓励和推荐下，亨利·布拉格于23岁就到澳大利亚的阿德莱德大学当了教授，并结了婚。于1889年有了儿子劳伦斯·布拉格。

亨利·布拉格

亨利·布拉格在阿德莱德大学前面18年，他的主要精力从事教学活动。42岁才有了新变化。他作为澳大利西亚科学促进协会A组主席，他在会上致词，作了"气体电离理论的新进展"讲演，回顾了这一方面工作，指出了工作中存在的问题，并对某些假设提出了怀疑。这次讲演使他出了名。于1908年被聘为英国里兹大学教授。

劳伦斯·布拉格，小时候家境优越，父亲是有名的教授，母亲是南澳大利亚邮政总长、政府天文学家托德爵士的女儿。他没有像某些富家孩子那样成为纨绔子弟，而是在耳闻目睹父亲和外祖父的科学活动中，培养了对科学的兴趣，以及认真学习和刻苦钻研的精神。

劳伦斯·布拉格5岁上学，11岁入中学，学英语、法语、拉丁语、数学和化学等。他对化学很喜欢，老师常叫他帮助做课堂的演示实验。他还爱在课外收集贝壳，发现过一种乌贼的新品种，被命名为布拉格乌贼。

劳伦斯15岁进入大学主攻数学，后到剑桥大学继续主攻数学。由于父亲的敦促，第二年才改学物理。仅一年就以优异成绩获得了学位，并到著名的卡文迪许实验室，在汤姆生指导下进行研究工作，当时他年仅23岁。

卡文迪许实验室条件比较好，劳伦斯假期时候还要到父亲的实验室去。亨利刚刚得知德国物理学家劳厄的发现，发现晶体的X射线衍射。他想用X射线的粒子理论来解释劳厄的照片，父子俩热烈地讨论了起来。

劳伦斯·布拉格

劳伦斯在卡文迪许实验室进行研究，发表了论文，解释了X射线晶体衍射现象，而且奠定了X射线晶体结构分析的理论基础。亨利在里兹大学，进行研究，用自己设计的"X射线分光计"，测量由晶体反射的X射线的强度。在研究中意外发现了"特征X射线谱"。亨利很快采用了儿子的方法，利用已知的波长来确定原子面之间的距离，进一步利用分光计测定其上的晶体的结构。

威廉·亨利·布拉格(右)和威廉·劳伦斯·布拉格

从1912年到1915年，亨利和劳伦斯父子俩，有时是独立的，有时是共同的进行研究，完成了首批无机晶体结构的测定。并提出了布拉格公式，共同发表了《X射线和晶体结构》一书。

亨利和劳伦斯，因X射线晶体结构的研究成就而共获1915年诺贝尔物理奖金。这是诺贝尔奖发奖以来500多名获奖者中唯一的一例。父子同获如此殊荣，也在全世界传为佳话。

劳伦斯·布拉格获诺贝尔奖，时年25岁，是最年轻的诺贝尔奖获得者。他后来还获得很多荣誉和奖励，获十多所大学荣誉博士学位，是美国、中国等几个国家科学院名誉院士。1948年出任国际晶体学联合会首届主席，第二次世界大战后，劳伦斯成为索尔威物理研究所科学委员会主席，并连续五次主持索尔威物理学会议，他是国际物理学界的领袖人物。

约瑟夫森的实验与约瑟夫森效应

布赖恩·戴维·约瑟夫森，1940年1月4日出生于英国威尔士的加迪夫。在加迪夫中学毕业后，便考入剑桥大学三一学院。1960年，当他还是一名大学生时，就发表了一篇很有价值的论文。两年后，他成为著名超导物理学家皮帕德的研究生。师生二人姓氏不同，但名字都叫布赖恩。皮帕德建议约瑟夫森研究超导体在磁场中穿透深度随磁场变化问题。

那么，什么是超导体呢？

我们都知道，橡胶、陶瓷等物质是绝缘体，不导电；而金属等物体很容易导电，这类物体我们称之为导体。

约瑟夫森

1911年，荷兰的卡林·昂内斯教授发现，有些物质在接近−273.15℃的温度时，对电的阻力急剧下降，以至完全消失。科学家将这种现象称为超导现象。

1957年，美国的巴丁、库珀、施里弗三人提出一种BCS理论，用来解释

超导现象。由于建立了这一理论，三人共同荣获了诺贝尔奖。

1960年，一位名叫杰维尔的科学家，在实验室里用实验证实了BCS理论。这让皮帕德教授感到在超导方面再没什么难题可研究了，不免有点失望和懊丧。不过他想，BCS理论首先是从"动力学"计算出发的，那么可以据此给研究生出一个演习题做做。他先交给一位女研究生去研究，但她认为这个问题太深奥了，皮帕德于是又让约瑟夫森试一试。

约瑟夫森在实验室中比较顺利完成了这一实验任务，但理论计算却是一颗苦果，一时难以推导出来。约瑟夫森不认输，专心致志地啃起这颗苦果来。他认真地进行着解算推导，可结果和已有的结论就是不一样。这让约瑟夫森感到莫名其妙，无法解释。他想，难道是什么地方出了差错？他反复计算、检验，想找出自己计算时的漏洞或错误，但总找不到。问题到底出在什么地方呢？

约瑟夫森想向皮帕德教授求教，但皮帕德教授名声显赫，每天的日程都排得满满的，根本没有时间与一个研究生对这类问题进行仔细的计算和讨论。

很凑巧，就在这时，美国贝尔电话研究所的安德森博士来剑桥大学担任客座教授。安德森讲授了"对称破缺"概念，并将其与BCS理论联系起来。约瑟夫森认真听取了安德森的讲解，这样稍有不明白的地方，他就去虚心请教安德森博士。

由于安德森总是耐心地解释约瑟夫森提出的问题，约瑟夫森便详细地将自己在计算中遇到的无法解释的现象告诉了安德森，请安德森给予指导。安德森仔细看了他的计算后说："嗯，你的计算没有什么差错。"

后来，约瑟夫森又知道了"贾埃佛的隧道穿透实验"。1962年，科恩等人从理论上证实了这一实验得到的公式。安德森在刚刚收到从芝加哥寄来的这篇论文的预印本后，很快就把它交给了约瑟夫森。约瑟夫森看了这篇文章，立即用科恩等人的方法，将计算推广到"势垒"两边都是超导体的情况，并得出了出人意料的结果。

然后，约瑟夫森把自己的计算过程和结果写成论文，交给了皮帕德教授。皮帕德读完后，感觉这篇论文很难懂，自己几乎弄不清学生所讲的内容是什么意思，就让他找安德森来谈谈。这样，安德森、皮帕德和约瑟夫森进

磁悬浮列车使用的就是超导原理

行了几次讨论后，皮帕德表示，不怕学生发表出"错误"的论文给自己带来"不光彩"，鼓励约瑟夫森将论文发表了，题目为《在超导隧道中可能的新效应》。

在这篇论文中，约瑟夫森预言：

（1）在有限的电压下，将出现通常的直流超导电流，还存在交流超导电流；

（2）在零电压下，可以出现一直流超导电流。

论文发表之后，有不少物理学家对其都抱有怀疑态度，甚至BCS理论的创立者之一巴丁也表示怀疑。在一次学术讨论会后，巴丁与约瑟夫森交谈之后，巴丁仍在怀疑，但约瑟夫森坚信自己是正确的。

1963年，由安德森等人用实验证明了约瑟夫森的预言。后来，人们就将这现象称为约瑟夫森效应。

由于这一发现，约瑟夫森于1973年获得了诺贝尔物理学奖金的一半。当时，约瑟夫森年仅22岁，成为世界上最年轻的著名物理学家。而约瑟夫森效应的应用也成为超导应用的两大分支之一，可用于检测、用于制造超导计算机等。

查德威克的实验与中子的发现

　　根据对原子核模型的预测，卢瑟福的实验中氮原子核被α粒子轰击后放出质子而变成氧原子核。

　　事实真的是这样吗？这还需要通过实验来证实。

　　科学家布拉克特用云雾室来试验了这个核反应。云雾室是卢瑟福的老同事威尔逊发明的，它是一个圆形的盒子，盒子中的空气含有过饱和的水蒸气。当带电粒子穿过盒子里的

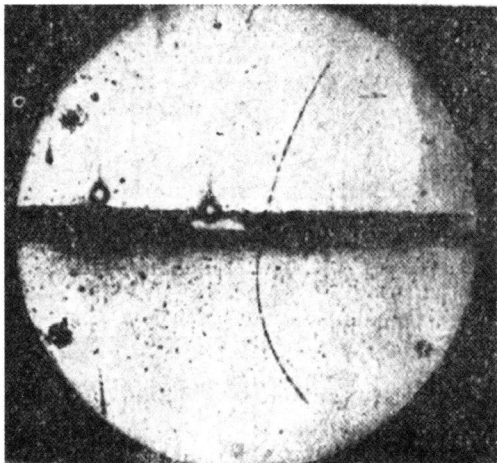

α粒子打进充有氮气的云雾室，拍照后效果。

空气时，沿途就会产生一串离子；而水蒸气就会围绕这串离子结成小水珠，形成一条白色的云雾，因此可以很清楚地显示出带电粒子飞过的轨迹。加上磁场以后，从这条白色云雾的长短、浓淡和弯曲的方向、程度上，就可以分析出带电粒子的性质。而这一过程可以用照相的方法记录下来。

　　布拉克特使α粒子打进充有氮气的云雾室，然后拍照。他拍了23000张照片，结果只照到了8张人工核反应的照片。在照片上，有一簇像扫帚一样的白线，这就是α粒子的径迹。其中有一条中途停止了（说明α粒子打到氮核里去了），然后又分成两条叉开的线，一条细而长的是质子的径迹，另一条短而粗的是生成的氧原子核的径迹。卢瑟福的发现被研究得更加清楚了。

　　新的发现、新的理论、新的方法鼓舞着各国的科学家继续进行新的实验和新的探索。

　　当时，德国有一位青年科学家名叫贝特。他想：为什么α粒子打到核里

去只会放出质子呢？难道就不可能放出电子（也就是β射线）和γ射线吗？那些天然放射性元素一般都会放出α射线或β射线，并且还常常伴有γ射线，但并不放出质子。

他重新研究了卢瑟福所做过的实验，注意到卢瑟福是通过观察硫化锌荧光屏是否发生闪光来判断有无核反应发生的。贝特也知道，α粒子或质子打在硫化锌上会发出闪光，但如果有β射线或γ射线打在硫化锌上，并不会发出闪光。

因此，即使实验中有β射线和γ射线的核反应发生，卢瑟福也观测不到。卢瑟福还曾经用α粒子射击过锂、铍、硼等，也没有看到闪光。所以他认为：用α粒子射击这几种元素都不发生核反应。

查德威克

贝特想：α粒子既然能打到氮、镁、硫、钾等的原子核中去，为什么就不能打到锂、铍和硼的原子核中去呢？可能打进去以后放出来的不是质子，而是不会使荧光屏闪光的β射线、γ射线等别的什么粒子。如果真是这样，用什么方法才能观测到它们呢？

这时，卢瑟福的学生盖革也在德国工作。他发明了计数器，利用电子学仪器可以测量各种射线，并计算粒子的数目或射线的强度。使用这种新仪器，就不需要躲在黑屋子中数荧光屏上的闪光了。

贝特使用这种计数器去进行研究。他用钋作为α粒子的放射源，因为钋只放射出α粒子，不放出β射线和γ射线，这样就使实验变得简单多了。

对着α粒子源安装了计数管，由于钋不发射β射线和γ射线，发射出来的α粒子又穿不透计数管的玻璃壁，所以计数管上没有计数。

但是，只要在α粒子源和计数管之间放上涂有锂、铍或硼的片，计数管就开始计数了。这说明α粒子打到了锂、铍或硼的原子核上，发生了核反应，并且还放出了某种射线。其中以铍放出来的这种射线最为强烈。

这是什么射线呢？为了得出结论，贝特又做了测试实验。他又在其中加上电场和磁场试了试，发现射线在电场和磁场中都不会偏转，说明射线不带

电荷，不是β射线，也不是α粒子和质子；他又用2厘米厚的铅板试了试，射线穿透过去了，强度只减弱了13％。据此，贝特认为，这种射线应该是极强的γ射线。

贝特发现用α粒子射击锂、铍和硼也会发生核反应，这是完全正确的。但他认为反应结果是放出了γ射线，这一点后来被证明是错误的。

不过，贝特的实验发现还是给了众多科学家以新的启示。1931年，法国的约里奥·居里夫妇——居里夫人的女儿和女婿公布了他们关于石蜡在"铍射线"照射下产生大量质子的新发现。英国的物理学家查德威克立刻意识到，这种射线很可能就是由中性粒子组成的，而这种中性粒子就是解开原子核正电荷与它质量不相等的原因的钥匙！

查德威克用铍发出来的射线撞击氢，发现了高速的质子；撞击氮原子，氮原子也被推动了，只是速度比质子小得多；撞击氩，氩原子也被推动了，速度又小一些。这说明：铍发出来的射线不应该是γ射线，而是具有一定质量的某种粒子。

经过反复实验，查德威克认为：α粒子打在铍核上产生的不是γ射线，而是一种高速的不带电荷的中性粒子。这种粒子同氢、氮、氩的原子核碰撞，就把它们弹开了，正像他和卢瑟福以前研究的α粒子弹开氢原子核的情形一样。

那么，这种不带电荷的中性粒子的质量有多大呢？查德威克根据实验结果计算，认为它的质量与质子几乎一样大。于是，查德威克便将这种不带电荷的中性粒子称为"中子"。

中子是人们过去从来不知道的一种粒子，现在由铍原子核中打了出来，说明原子核中有中子。这样一来，组成宇宙间万物的基本结构就不只是质子和电子两种了，还多了一种中子。

查德威克解决了理论物理学家在原子研究中遇到的难题，完成了原子物理研究上的一项突破性进展。后来，美国物理学家费米用中子作"炮弹"轰击铀原子核，发现了核裂变和裂变中的链式反应，开创了人类利用原子能的新时代。而查德威克也因发现中子的杰出贡献获得了1935年度的诺贝尔物理学奖。

吴健雄的实验与两个诺贝尔奖

　　美籍华裔教授吴健雄，是美国科学院及中央研究院院士，两次当选为美国物理学会会长，是担任这一职务的第一位女科学家，也是美国现有十个主要科学学会中，六个华人担任会长的其中一个。她在现代物理实验中作出了杰出的贡献，获得了许多奖励和荣誉称号，世界上有十几所大学都授予她名誉科学博士学位。

　　吴健雄的科学生涯中没有惊险和曲折，但却是一条艰辛的奋斗和探索之路。

　　1912年5月31日，吴健雄出生于江苏省太仓县浏阳镇。小的时候，家中经济条件较好，父亲在家乡创办了一所明德女子职业学

吴健雄

校。父母都是很开通的人，认为女孩子和男孩子都一样，所以吴健雄很小就与男孩子们一起去上学了。

　　11岁时，吴健雄小学毕业了，本地没有高小，父母想叫她在本地多读了一年小学，因为她太小了。但她不高兴留下来，坚决要求继续升学。

　　到了苏州后，吴健雄考入江苏第二女子师范附小。对吴健雄来说，走出家乡是她这辈子在科学生涯走出的第一步。高小毕业后，她又继续在师范学校就读。这个学校偏文科，吴健雄也很喜欢文科，但更喜欢数学物理。为了发挥她的特长，母亲特意给她买了一套更适合她的教科书和一些参考书，吴健雄靠自学为自己日后的科学生涯打下了坚实的基础。

　　毕业后，吴健雄成为一名小学教师。两年后，她考入南京国立中央大学数学系，后来转学物理。这是她在自己的科学事业上迈出的关键性一步。

为了能够专心学习，吴健雄不住在条件舒适的女生宿舍楼，而是独自搬到一间狭窄的平房内去住。平日她都反扣着门，在房间中废寝忘食地读书；她还常去图书馆，博览群书；节假日，她就到实验室去做实验。由于将全部精力都投入到学习之中，吴健雄的成绩一直都名列前茅，多次获得奖学金。

毕业后，吴健雄在浙江大学任教。在当时的情况下，女孩子能当上大学教师是很难得的，也是比较少见的。但吴健雄有自己的远大目标，她决心自费出国留学。于是，她用自己平时省吃俭用积攒下来的钱买了一张三等舱的船票，远渡重洋，前往美国加州大学伯克利分校，成为劳伦斯教授的一名研究生。这是她后来成为世界著名物理学家所迈出的重要一步。

劳伦斯教授是回转加速器的发明者，在原子物理、核物理方面有许多贡献，是世界著名的学者。开始时，劳伦斯担心吴健雄是否有毅力攻读原子物理，因为原子物理很枯燥，研究起来又很艰苦，理论很深奥，所以劳伦斯劝她学其他的专业。但吴健雄态度坚决，毫不动摇，坚持要学习原子物理。劳伦斯于是收下了这个中国来的女学生。

吴健雄学习成绩突出，实验技术也是高人一筹，第二年就被聘为助教，一边工作，一边学习。1940年，吴健雄在获得博士学位后，就留在劳伦斯主持的实验室中担任研究助手，开始了在物理学上作贡献的生涯。

吴健雄一生中最重大、最突出的贡献就是用实验证实了杨振宁和李政道提出的"在弱作用下宇称不守恒"的理论。1956年，这个理论刚一宣布时，许多物理学家都感到很惊异，甚至怀疑。而这个理论是否正确，还需要用实验去证明。

这时，吴健雄和丈夫袁家骝博士已准备到国外讲学。当听到这个消息后，吴健雄决定留下来，着手准备实验，并专程到华盛顿国家标准局低温实验室，在许多优秀物理学家帮助下，用实验证明了李政道、杨振宁提出的理论的正确性，从而推翻了物理学界一直推崇的金科玉律，使杨振宁、李政道因此而获得了1957年的诺贝尔物理学奖。

1963年，吴健雄又与她的学生，中国教授莫玮等人合作，以实验确定了费曼和盖尔曼提出的"核β衰变向量电流守恒理论"。这两位物理学家后来也分别获得了诺贝尔奖。

吴健雄将自己的青春年华、聪明才智和毕生精力都奉献给了物理实验。

她具有一种崇高的奉献精神和自我牺牲精神。而她所收的研究生，也都要求具有自我牺牲、艰苦奋斗的精神和作风，规定四年之内不能回家，一律住在实验室内进行科学研究。

1993年，吴健雄回母校南京东南大学参加建校90周年庆祝活动时，她曾经学习过的"江南院"改名为"健雄院"，原生物分子学实验室命名为"吴健雄实验室"。

昂内斯的实验与超导现象

过去，人们从未想到过导体的电阻会消失。电阻可以说是一种同时具有优点和缺点的现象。我们知道，白炽灯泡能亮是因为灯丝有电阻，电炉能烧饭也要归功于炉丝的电阻。

但是，在输电线上，在电动机里，在电子器件中，电阻就会使电能白白损耗。而且电阻越大，电能的损耗也越大。在这种情况下，人们自然是希望电阻越小越好，最好没有。如果真的能让电阻消失，这对电气工程来说可是一个大喜讯。

1911年，从著名的莱顿大学低温实验室里传出了一个惊人的消息：在-269℃的条件下，水银的电阻消失了。而发现电阻这一现象的人，就是荷兰的物理学家昂内斯。

昂内斯

昂内斯出生在一个书香之家，叔叔伯伯都是知名的学者，父母也是博学之士。昂内斯从小就表现出对于数学、物理的天分。他不仅喜欢读书，把家中丰富的藏书读个遍，还喜欢亲自动手实验。

有一次，昂内斯在做实验时，不小心致使化学药品引燃了周围的织物。等他发现时，火势已不可控制，结果火借风势，瞬间就将半座楼烧毁了。昂内斯被吓坏了，慌忙逃到野外，在灌木丛中躲了一夜。

救完火后，父母才发现昂内斯不见了，赶紧连夜寻找。直到次日的凌晨，才发现躲在灌木丛中冻得缩成一团的小昂内斯。父亲非常心疼，他一把抱起儿子说："我的孩子，别害怕。为了研究科学，你就是把自家的房子全拆了，把田地全毁了，我也不会埋怨你的。"

父母的这种教育对昂内斯产生了极大的影响。

昂内斯所取得的成就还要感谢两位老师的精心培养。18岁时，昂内斯进入德国海德堡大学学习，深受著名化学家本生和学者基尔霍夫的器重。在两位导师的指导下，他养成了锲而不舍、精益求精的科学态度，很快就获得了博士学位。29岁时，他就担任莱顿大学物理学的主任教授了，并着手在该校建立了一所低温实验室。

昂内斯领导的实验室是世界上"最冷的地方"。虽然莱顿城里鲜花常开，但实验室里制造出来的低温比南极或北极的最低温度（−88℃）还要低几倍。

低温世界是一个魔术般的世界，把一束鲜花放在液态氮中一浸，拿出来向地上一摔，鲜花就会像玻璃一样破碎；把一只橡皮球放在液态氮里一浸，拿出来以后，皮球就能像铃铛一样敲响；而水银在低温状态下冻得比铁还要硬，可以用锤子把它钉在墙上；在液氮中冻硬的面包，在漆黑的房间里竟然能够发出天蓝色的光辉！

昂内斯简直被这童话般的世界迷住了，他决心在实验室中获得更低的温度。

当时，科学家已经能把除了氦气以外的气体全部变为液态了。利用液态氢，已获得了−253℃的低温。但是，要使氦气变成液态困难还很大。例如，在液体氢的温度下，连空气都会变成固体。如果不小心与空气接触，空气就会立刻在液体氢的表面上结成一层坚硬的盖子。但昂内斯是一位坚韧的实验专家，这点困难并没有让他屈服。

提起科研，提起实验室，在有些人的心目中总是明亮的屋子，轻松的工作，只要按一下电钮就可以了。实际上，低温实验室简直就像一个车间，实验室里充满了管道，还有隆隆作响的真空泵。低温不是一下子就能获得的，必须要沿着温度的台阶一步步向下走，温度越低就越困难。

昂内斯先是用液化氯甲烷达到了-90℃，用乙烯达到了-145℃，用氧气达到了-183℃，用氢气达到了-253℃。终于，经过不懈的努力，在1908年他成功地实现了最后一种"永久气体"——氦气的液化，得到了-269℃的低温。在这以后，他还用液氦抽真空的方法，得到-272℃的更低温度。

这个温度属于超低温了，当时世界上只有莱顿大学的低温实验室可以得到这么低的温度。昂内斯和他的同伴们在这得天独厚的条件下进行着极低温度下的各种现象研究。通过实验他们发现：水银、铅、锡一般降温到该物质的特性转变点以下时，电阻就会突然消失，变成"超导电性"的物体。

这就是说，在一个超导线圈中一旦产生了电流，就会周而复始地流下去。因为电阻已经消失，电流不会在流动中衰减。昂内斯把一个铅制的线圈放在液体氦中，铅圈旁放一块磁铁，然后突然把磁铁撤走，根据法拉第发现的电磁感应，铅圈内便产生了感应电流。

果然，在低温条件下，电流不断地沿着铅圈转起来，就像一匹不知疲倦的马一样。1954年3月16日的一次类似实验，电流竟然持续了长达两年半的时间，一直到1956年9月5日才由于液态氦供应不上而终止。理论计算表明，如果一直保持这种低温条件，电流就是流10万年也不会衰减。

这种现象在物理学被称为超导现象。1913年，昂内斯因为这项重大的发现而获得诺贝尔物理学奖。

昂内斯之所以能够得如此殊荣，主要与他的治学态度有关。他在总结自己一生的科学经验时说："只要养成一种做学问的习惯，就像一日三餐一样，到时不吃不喝，就会感到饥渴难忍。有了这种做学问的习惯，还要牢记一点，那就是'专'和'精'。与整个知识相比，个人所掌握得实在太少了。我认为，人可以在'专'和'精'里求广博；如果想懂得一切，那显然是不切实际的无稽之谈。"

勒纳的实验与光电子效应

1887年，赫兹在进行电磁波实验时，发现了一个意外的现象：电极之间的放电会受到光辐射的影响。当时，他用的是两套放电电极，一套产生电振荡，发出电磁波；另一套当做接收电极。接收电极的放电间隙可以随意调节，它的最大放电间隙即可表示信号的强度。

为了便于观察放电火花，赫兹用暗箱把接收电极的回路盖起来。有一次，赫兹发觉接收回路被盖住后，最大火花长度明显变小了。他没有放过这一偶然现象，而是潜心地研究起来，想找到出这一现象的原因。

赫兹

为此，他陆续挪开暗箱的各个部分，直到证明这个效应是由于箱体有一部分挡住了原回路和次回路之间通道的原因。然后，他又用各种材料进行挡在通道上的实验，发现导体和非导体的作用相同，证明以上现象不是由于静电或电磁的屏蔽作用所引发的。

赫兹用各种透明和不透明的材料放在通道中进行实验，发现能透光的玻璃仍然可起隔离作用，判定光的因素应该排除；再以岩盐、冰糖、明矾等物放在通道中，发现虽然有程度不同的隔离作用，却基本上也是透明的；最好的是水晶和透明石膏，几乎完全不影响放电，几厘米厚的水晶都没有隔离作用，只有紫外光才能很好地透过水晶。可见，影响放电的应该是紫外光。

赫兹再用紫外光照射放电的负电极，效果要比照射正电极显著得多，说明负电极更易于放电。赫兹是一位工作非常谨慎的物理学家，他没有轻率地对该现象作出解释，只是如实地在论文中作了记载。这篇论文的题目为《紫

外光对放电的影响》。

赫兹对自己的这一发现并没有继续研究，但这一现象却引起了其他科学家的极大兴趣。赫兹的助手勒纳于1889年开始从事这方面的实验研究。他先是认为这一现象是由于阴极射线引起的，但通过一系列的实验后，到1894年，他开始认为这种看法并不符合实际。

1899年，发现电子的英国物理学家汤姆生用磁偏转法测定从电极放出的火花是由与阴极射线相同的一类带电粒子组成的。在汤姆生的启示下，勒纳于1900年用类似的方法测出了这种带电粒子的荷质比，其值与电子的荷质比一样。据此，勒纳认为：这种火花就是光电流。

接着，勒纳开始进行新的研究，试图找出产生光电流的基本规律。他的实验装置如图所示，从L发出的光照在铝电极U上，E是阳极；反向电压加在E、U之间，使E的电位低于U，起着阻拦电子的作用；在E极中间挖了一个5毫米的小洞，电子束穿过洞口打到集电极α上，再由静电计测量。

勒纳的实验告诉人们，赫兹的发现实际上是在光的作用下电子从金属表面的发射现象，应该称之为光电效应。

在取得光电效应的实验证据后，科学家们开始对其进行理论分析，但却一直未能得到令人满意并信服的解释。

密立根的实验与光量子论

1905年，爱因斯坦发表了一篇题为《关于光的产生和转换的一个启发性观点》的论文，提出了光量子论。他在文章中论述到："光是一定波长的电磁波，光在传播过程中具有波动性。但光的能量并不是均匀地分布在波阵面上，而是由个数有限的、局限于空间各点的能量子——光量子——所组成，每个光量子携带的能量为$h\nu$，其中h指普朗克常量，ν指光的频率。当光照到金属上，金属中的电子要么吸收一个光量子，要么完全不吸收。如果光量子的能量$h\nu$大于金属表面对电子的逸出功，电子就能脱离金属表面。由于电子吸收两个光量子的概率极小，更不要说电子有可能吸收多个光量子积累能量，因而光量子的能量hν小于一定值时，无论多么强的光都不能使电子逃逸金属表面。"

根据这一观点，爱因斯坦还给出了著名的光电效应方程：

$$eU = h\nu - W = ,$$

其中e为电荷，U为遏止电压，eU等于电子逸出金属表面的最大动能，即；h为普朗克常数，ν为光的频率，W为电子逸出金属表面需做的功。

光电效应方程不但解释了电子的最大速度与光强无关，还预言了遏止电压U与光的频率ν之间的线性关系。

密立根

爱因斯坦以全新的物理观念解释了光电效应表现的一切现象，可是当时这个理论并不是出自于某位大物理学家，而是出自一位年仅26岁的专利局小职员那里（当时爱因斯坦正在一所专利局工作），因而没有得到科学界的承认。即使是相信量子论的一些物理学家，包括普朗克本人，也对此持怀疑的态度。

爱因斯坦的理论需要实验的证实，但他却没有任何实验条件，并且也不擅长实验。

爱因斯坦的论文发表后，光量子理论得到了美国芝加哥大学密立根教授的高度重视。因此，从1905年起，他就开始从事光电效应的定量实验研究，以证实爱因斯坦提出的理论正确与否。

密立根教授是一位具有非凡才能的实验物理学家，但验证爱因斯坦理论的实验太难了，甚至超过了他测定电子基元电荷的工作。在经过较长时间的思考之后，密立根教授认为实验的关键是如何清除金属表面的氧化层。因而，他设计的整个实验都是在高度真空的条件下进行的，并且要依靠他独创的"真空机械车间"使实验获得圆满成功。但这项伟大的工作绝不是一朝一夕完成的，而是花费了密立根教授近十年的心血。

实验的设备如图所示，三个待测的锂、钠、钾金属圆柱体被固定在小轮W上，用电磁铁可以使小轮转动。刮刀K可沿管轴方向前后转动，外边的电磁铁F可使里面的衔铁M和M动作，从而使刮刀转动。

实验开始时，将金属圆柱对准刮刀再与之接触。当刮刀转动时，就能将金属表面刮掉极薄的一层。在刮刀移开后，再转动金属圆柱至合适位置便开始实验，入射光来自于窗口O，当然还有复杂的外部设备等。

从1907年至1912年的五年间，密立根教授不断发布这项工作的最新消息，最后的实验结果是1914年首次报告于美国物理学会的学术会议上。

密立根的实验相当成功，精确的数据表明爱因斯坦的光电效应方程的主要内容是正确的。这不但使得光量子理论和光电效应方程得到了科学界的广泛承认，也使得爱因斯坦因此而荣获了1921年的诺贝尔物理学奖；而密立根教授也因为这项工作及测量出电子基元电荷获得了1923年的诺贝尔物理学奖。

爱因斯坦的光量子理论及光电效应方程有着极其重大的科学意义。首先，它变革了人们思想上根深蒂固的经典观念，认识到物质微观世界的能量是离散式的而不是连续的。这一认识直接导致现代物理学的诞生，并使20世纪的科学进入一个崭新的时代。

其次，爱因斯坦光电效应方程的实验验证使得光量子不仅成功出现于物理理论上，更使其成为真实的客观实体。光量子的真实性为自牛顿时代以来争论不休的光的本性问题作出了最终的裁决：光既是波又是粒子，具有波粒二象性。这一发现也掀开了量子力学的序幕。

对于今天的科学技术来说，光电效应的重要性也日益增大，由光电效应发展而成的光电子发射谱

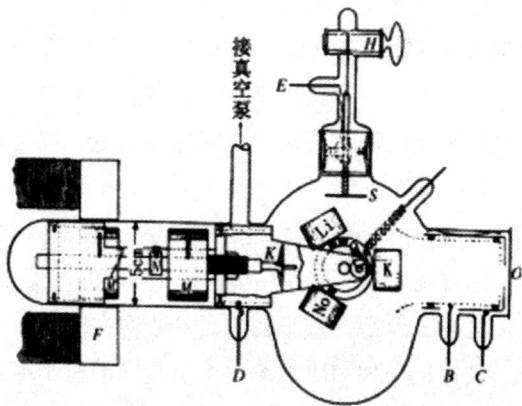

密立根光电效应原理图

术已成为实验物理学最先进、最富有成就的领域之一。这种科学手段在探测原子、分子、固体和金属表面的电子结构方面起着极其重要的作用，从而有力地促进了材料科学、半导体科学的飞速发展。

除了在高科技领域大显身手外，根据光电效应原理制成的各种各样的光电管也正在走进我们的日常生活，并不断改善与提高着我们的生活质量。

由爱因斯坦引起的实验与激光

1960年7月10日，美国《纽约时报》宣布了一则世界上第一台红宝石激光器问世的消息。

我们现在所说的"激光"，按英文的涵义是："由受激发射的光放大产生的辐射。""辐射"的意思是发光；"受激发射"是发光的一种过程，通俗来说就是"受激发光"。这种受激发光的过程可以产生光的放大，从而最终成为激光。

当时，人们并不称其为"激光"。有的按英文发音，译为"莱塞"，有的意译为"光受激发射"，等等。直到1964年10月15日，由中国著名科学家钱学森教授建议称其为"激光"，才获得了一致的公认。

"激光"一词的涵义，已经道破了激光产生的原理，其核心是受激光发光过程和光的放大。而要了解这些问题，就必须知道原子结构的奥秘以及原子为什么会发光。

受激发光过程最早是在1917年，由著名物理学家爱因斯坦首先提出的。但是，直到40多年后才在实验技术上实现了光的放大。原因在哪里呢？

世界是复杂的，事物总是处于对立的矛盾之中。光子和原子的相互作用也是这样，一种物质总是由大量相同的原子组成。有些原子中的电子处于较高的轨道，我们将其称为高能级的原子；有些原子中的电子处于较低的轨道，我们将其称为低能级的原子。当一个光子和这些原子相互作用时，一方面，这个光子可以去"刺激"高能级的原子，使它产生受激发光，使光得到放大；另一方面，这个光子也可以被低能级的原子所吸收（"吃掉"），光子的能量转变为电子的能量，从使电子从低的轨道跃迁到高的轨道，使光减弱。这两种过程是同时存在的，并且相互竞争。

对于光子来说，它对待高能级的原子和低能级的原子是"一视同仁"的！而原子与光子相互作

世界上第一台红宝石激光器

用的机会也是一样的。如果在大量相同的原子中，处于高能级原子的数目比较多，处于低能级的原子数目比较少，那么，高能级原子和光子作用的机会就比较多，也就是受激发光的机会较多；而低能级原子和光子作用的机会相对就比较少，即光被吸收的机会就少。这样一来，受激发光过程将超过光的吸收过程而占据主导地位，新产生的光子数目超过光子被原子吸收的数目。总的来说，光就被放大了。

由此可见，光通过介质和原子相互作用时，究竟是放大还是衰减，取决于高能级原子的数目多，还是低能级原子的数目多。哪一个能级的原子数目大，它们与光子作用的次数就多。

要获得光的放大，必须造成这样一种局面：介质中高能级原子的数目大于低能级原子的数目。遗憾的是，高能级的原子总是喜欢处在较低的轨道上，也就是低能级的原子数目比较大，这就使产生光放大现象更加困难。

然而，人们通过种种努力，在实验中采取对介质进行加热、光照和气体放电等方法，强迫电子处于某些较高的轨道上，造成高能级的原子数目大于低能级的原子数目。这时，光在通过这样的介质说就能放大了。我们称这种介质为放大介质。

光通过放大介质可以被放大，放大介质的几何尺寸越长，光的放大就越显著。但是，如果把放大介质做得很大，工作起来就很不方便。比如要将放

大介质（如气体放电筒）做到10米长，就需要将两个房间的隔墙打通；如果做成几十米长的话，就只能在很长的走廊里进行实验了。

人们设想把放大介质放在两面反光镜（通常叫反射镜）之间，并使这两面反射镜互相平行，光就可以在这两面反射镜之间来回反射。这样每经过一次放大介质，光就被放大一次；来回反射的次数越多，光放大的次数也就越多。比如，放大介质的长度为1米，光在来回反射中通过介质100次，就相当于将放大介质延长为100米，光的放大就非常显著了。

这样的一对反射镜称为谐振腔。其中的一面反射镜对光的反射率为百分之百，称为全反射镜；另一面反射镜为部分反射镜，顾名思义，当光通过这面反射镜上时，一部分光波就会被镜子反射回谐振腔内，一部分从镜面透射到谐振腔外。而被透射出来的光，就是我们所需要的激光。反光镜的妙用不仅是使放大介质的激发能量充分地用来产生激光，而且激光的许多奇异特性都与谐振腔有关。

比如，激光具有很好的方向性，激光只沿着和反射镜垂直的方向发射出来，其余各种方向都没有激光输出，这是什么原因呢？我们都有过这样的生活经验：当我们手持电筒，将一束光垂直射向一个平面镜时，这束光将会被镜子反射，并按原路返回；当我们将这束光斜射在镜面上时，这束光就将被镜子反射到另一侧。

激光谐振腔的两端有两面严格平行的反射镜，只有沿着垂直镜面方向传播的光，才能来回反射，并得到多次放大而成为激光；其他方向的光被镜面反射后，很快就会逃出谐振腔外，不能得到放大。

从意大利科学家伽利略发明了望远镜后，人们便开始对浩瀚的宇宙进行不停的观察和分析计算，知道了月亮绕着地球旋转，地球绕太阳旋转，太阳带着太阳系的八大行星又以每秒250千米的速度绕着银河系中心转动。整个银河系也在运动着，以每秒210千米的速度向麒麟星座飞去。现在被人们发现的宇宙直径已达49亿光年，整个宇宙就是一个无限美妙、无限广阔的世界。

另一方面，从古希腊和罗马时代开始，人们就已经在探索微观世界的奥秘了。18世纪初期，人们认识到千变万化的物质都是由分子组成的，分子是由原子组成的。原子很小，它的直径约为一百亿分之一米。不同的物质由不同的原子组成，如水分子是由两个氢原子和一个氧原子组成；食盐的分子是由一个氯原子和一个钠原子组成；等等。

到了20世纪初，人们终于在实验的基础上揭开了原子结构的奥秘。原来，原子的结构好像是一个小小的太阳系，原子是由原子核和若干电子组成，电子围绕着原子核不停旋转，就像地球绕着太阳旋转一样。宏观宇宙浩瀚无垠，微观原子微乎其微，但是，它们却是如此相似！原子核带有正电核，电子带有负电荷，正、负电荷的数量正好相等。因此，整个原子看起来并不带电。氢原子的结构最简单，核外只有1个电子；氦原子中有2个电子；氧原子中有16个电子；铀原子中有92个电子；等等。真是一个"大家族"！

电子可以在许多特定的轨道上绕着原子核旋转。这些轨道犹如登山的台阶，一级一级由低向高延伸，但台阶通常是一级一级等间隔的。电子的轨道越低，间隔越小；轨道越高，间隔就越大。爬山上楼要费力气，电子从低轨道跳跃到高轨道同样需要能量，这个能量可以通过吸收外界的电能、光能、热能等来实现。所以，如果没有外界能量的提供，电子总是处在最低的轨道上。一般说来，电子处于低轨道的原子总是多于电子处于高轨道的原子。

如果原子中的电子得到了外界的能量，比如热能（对物质加热）、光能（用光照射）、电能（加上电压，让气体放电）等，电子就能从较低的轨道跳跃到较高的轨道上去。这种过程叫做激发。相反，电子从较高的轨道跳回较低的轨道，它就会把从外界吸收到的那份能量又"吐"出来。这份能量可以转变为光能。这种过程就是发光。

电子在不同轨道之间跃迁，发光的波长也不相同，因此光的颜色也有所不同。

电子从较高轨道向下跳跃还有两种不同的形式：一种是自动的，另一种是受影响的。

水总是从高处往低处流，成熟的果子总是要纷纷下落，这是因为地球对物体有吸引力。原子中的电子也是这样，因为受到原子核的吸引力，处于较高轨道的电子是不稳定的，总是力图跳回到较低的轨道上来。这种自动跳迁的发光形式，通常被称为自发发光。

另一种发光形式叫做受激发光。也就是说：电子从较高的轨道向下跳跃是受到外界光子的"刺激"才产生的。这种现象并不奇怪，在大自然中也常有这样的事。比如，夏天的树枝上常常传来蝉的"知了，知了"声；秋天的

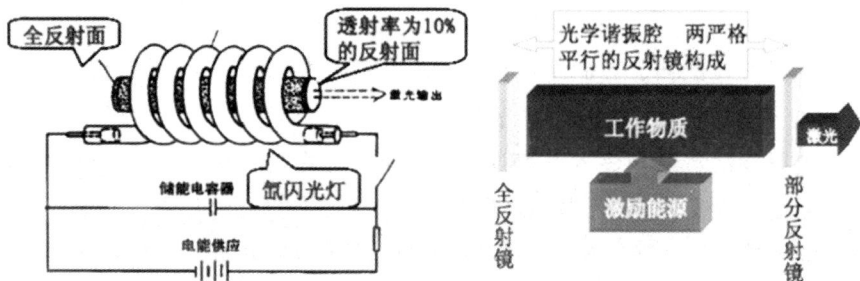

红宝石激光器结构原理图

草丛中，蟋蟀发出的叫声；春天的稻田里，可以听到青蛙的"呱呱"声。这类动物，只要有一只先叫起来，其余的受到"刺激"，也会以同样的声音跟着叫。

发光的形式不同，发光的性质也不同。自发发光时，光线射向四面八方，光子的状态（指光的传播方向、光的波长等性质）都是各不相同的；受激发光时，光线向同一方向，光子具有完全相同的状态，根本无法区别哪一种光刺激了电子跃迁，哪一种光是电子跃迁时新产生的。

通过一次受激发光过程，原来的光子和新产生的光子一模一样，一个光子就变成了两个相同的光子。而这两个光子又去激发其他原子，再次产生新的更多的完全相同的光子……这个过程不断进行着，就意味着光被加强了，或说光被放大了。光越放越大，就会成为激光。可见，受激发光过程是产生激光的最基本过程。激光本来的含义，正是由于受激发光所产生的光放大。

总之，通过实验，人们认识到激光产生的过程是这样的：在某种激发条件下，使介质处于高能级的原子数目远大于低能级原子数目的状态。在这种状态下，受激发光的过程大大超过了光的吸收过程，光就可以得到放大。由于受激发光的特点，被放大的光具有完全相同的传播方向和波长等性质。在谐振腔的作用下，只有沿着垂直于镜面的方向传播和一定波长的光，才能在腔内不断地被放大，直到形成很强的激光输出。

康普顿、杰默尔的实验与光的波粒二象性

光一直被认为是最小的物质，虽然它是个最特殊的物质，但可以说探索光的本性也就等于探索物质的本性。事实上，在人们对物理光学的研究过程中，光的本性问题一直是焦点之一。

关于光的本性的争论，笛卡尔曾提出了两种假说。一种假说认为，光是类似于微粒的一种物质；另一种假说认为光是一种以"以太"为媒质的压力。

19世纪中后期，菲涅耳等人的实验研究证明了光具有波动性，人们对此深信不疑，波动说已经取得了决定性胜利。光的波动性的发现在科学上具有极其重大的意义，现代光学的主要理论大部分都是建立在光的波动性学说上。人们设计光学元件、制造光学仪器时无一不考虑光的波动性。光的波动理论指出，任何光学仪器的分辨本领都与所使用的照明光的波长有关。波长越短，光的波动性的表现——衍射效应越弱，分辨本领越高。今天我们使用的电子显微镜就是据此制造的，由于电子的波长只有普通光波波长的1‰，因而电子显微镜的分辨本领就比光学显微镜高1000倍。

康普顿

但是从19世纪末到20世纪初，光的波动说遇到了危机。科学家在研究光压、黑体辐射、光电效应及X射线散射等问题时发现，光的波动说对许多科学现象根本无法解释。以至于像普朗克、爱因斯坦、康普顿等许多著名物理

学家不得不再次提出光是一种微粒流。

光到底是波动还是微粒，科学家始终无法给出定论，光的本性成了摆在科学家面前最棘手的难题。1905年，爱因斯坦提出了光电效应的光量子解释，人们开始意识到光波同时具有波和粒子的双重性质。在一些场合尤其是涉及光的吸收和辐射问题时，单个光子无疑会明显地具有微粒性。但我们平常看到的是大量光子的集体行为，光子出现的概率确实按照波动说的预言来分布，因而光就明显地呈现出波动性。

1921年，康普顿在实验中证明了X射线的粒子性。1927年，杰默尔和乔治·汤姆森在实验中证明了电子束具有波的性质。同时人们也证明了氦原子射线、氢原子和氢分子射线具有波的性质。

在新的事实与理论面前，光的波动说与微粒说之争以"光具有波粒二象性"而落下了帷幕。

光的波粒二象性的发现以及人类对光的本性的认识，是科学史上最困难的事情之一，从牛顿最初的两种假设开始，波动性和粒子性之争直到20世纪初才以光的波粒二象性告终，前后共经历了三百多年的时间。在这期间，反反复复、争执不断，牛顿、惠更斯、托马斯·杨、菲涅耳、普朗克、爱因斯坦等多位著名的科学家先后成为这个论战双方的主辩手。正是他们的努力揭开了遮盖在"光的本质"外面那层扑朔迷离的面纱，也使得光的本性的发现过程成为人类科学发展史上最美好的回忆之一。

出生于1936年、祖籍中国山东省日照市的丁肇中在美国哥伦比亚大学工作时，哈佛大学的一位很有名的教授做了一个光子产生电子的实验，实验结果认为量子电动力学（QED）是错误的。

丁肇中的实验与J粒子的发现

1965年，康奈尔大学的教授们重复了这个实验，宣称得到的结果和哈佛大学教授的意见是一致的。丁肇中对著名物理学家和教授们得出的这一结论感到困惑不解。一天，他找到德高望重的莱德曼教授说："我可不可以重复一下这个实验？"

莱德曼听了，不以为然地说："这恐怕很困难，因为你从来没有在电子加速器上工作过，也不是很有名的教授，物理学界也没有人支持你。"莱德曼教授的劝阻，并未能使丁肇中止步。他想：自然科学不是以多数人的观点为主的科学，并没有少数服从多数的原则；恰恰相反，往往是少数人的意见是对的，因而纠正了多数人的看法；科学家

丁肇中

的责任是去发现自然的真相，而不是盲目地人云亦云。既然在美国难以检验量子电动力学，那只好去德国了。他的想法得到了德国电子同步加速器中心（DESY）负责人的热情支持。

1965年10月，丁肇中风尘仆仆地到达汉堡后，DESY给他配备了一个小组，找了几名助手，便开始了紧张的工作。起初，听说做实验所需的磁铁要一年之后才能制造出来，他觉得时间太长了，决定自己设计出另一个谱仪。为此，他每天睡眠不超过两三个小时。为了实验，还制作了各种计数器。那时德国在高能物理研究方面，无论是实验设备还是研究水平，都远比美国落后。实验是在6个GEV的加速器上做的，为了取得确切数据，丁肇中就住在靠近技术厅的屋子里，总是全神贯注地盯着所有的计数器。经过反复检验，包括改变实验条件，改变电子学条件，证明实验结果是对的，QED是对的。

在斯坦福学术讨论会上，丁肇中报告了实验结果，用大量确凿的数据说明"QED是正确的"，并指明了哈佛大学教授们的实验失败的原因。他的报告引起了极大轰动，这一实验使他成为令人崇敬的知名学者。

1971年，丁肇中怀着渴求科学真理的急切心情，雄心勃勃地来到纽约附近的布鲁克海文实验室，开始了寻找J粒子的艰苦历程。

著名的布鲁克海文实验室，地处美国东海岸一个名叫长岛的地方，这里空气新鲜，树木葱郁，犹如世外桃源。在这里，科学家们正借助高能加速器

的巨大威力探索着原子核里的各种粒子的奥秘。丁肇中经过同工作人员反复讨论，决定在一台能量为30亿电子伏特的质子同步加速器和相应的探测器上进行实验。这次实验异常艰巨，丁肇中曾对此作过一个生动的比喻，他说："在雨季的时候，一个像波士顿这样的城市，一秒钟之内也许要降落下千千万万的雨滴，如果其中的一滴雨有着不同的颜色，我们就必须找出那滴雨！"

这次实验因非常冒险，又花费昂贵，曾受到许多非议。比如，它除了需要复杂精密的加速器和探测器外，为了防止实验进行过程中原子核分裂造成的严重辐射，在实验区里共用了1万吨水泥块、100吨铅、5吨铀、5吨硼砂作屏障物。

实验开始后，丁肇中和他的助手们日夜守候在一台台闭路电视机前，密切注视着各种仪器的工作情况。忽然，仪器上出现了危险信号：尽管用了大量的屏障物，在实验区仍然出现了很强的核辐射。

现在唯一的办法是尽快设法查明辐射的来源，使实验按照原定的计划进行下去，而不是半途而废！丁肇中就是这样一位非常勇敢、坚定而又沉着的科学家，他决不因为出现一点风险就放弃自己的整个计划。在他和助手们的精心检查下，很快找到了漏洞——用来阻挡发射质子束流的阻塞物的顶端这样一个十分重要的地方，却没有任何屏障！漏洞堵塞后，辐射立即降到了安全水平。

1974年8月的一天，奇迹终于出现了：他们将一束能量很高的质子束流打在铍的原子核上，发现了一个重量比质子重3倍的新粒子。为了证实自己的实验结果是科学上的新发现，紧接着丁肇中又用不同的方法把新粒子散布到探测器的不同部位去，又领导助手们运用不同的计算程序进行检验，仔细检查了所有的仪器和工作环境，确认实验结果是完全正确的。至此，丁肇中才和他的助手们怀着无比兴奋的心情，以和自己中文姓氏"丁"类似的英文字母"J"将这种新粒子命名为"J粒子"。

J粒子的发现，引起各国科学家和学者的空前关注，也使一度沉寂的国际高能物理学界重新活跃起来。J粒子的问世，好比敲开了一个基本粒子家族的大门，给高能物理学的研究展示了崭新的前景。

由于丁肇中对物理学的巨大贡献，他在1976年被授予诺贝尔物理学奖，

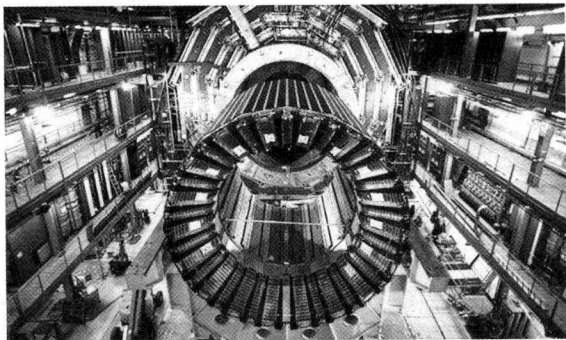

并被美国政府授予洛仑兹奖，1988年被意大利政府授予特卡斯佩里科学奖。他是美国国家科学院院士，美国文理科学院院士，苏联科学院外籍院士。

凡到过欧洲核子研究中心访问的人们，在这个硕大的核子研究机构的墙壁上，都能看到一张式样奇特的挂图，图的背景是风景秀丽的日内瓦城，圆圈的中心则印着三个大写的英文字母：LEP。这是迄今为止世界上最大的正负电子对撞机的示意图。这台周长27千米，跨越瑞士和法国的巨型粒子加速器，能量高达1300亿电子伏特。在对撞机的四周，设置着粒子探测系统，正负电子注入环中，反向流动，进行对撞，用于探索宇宙中的新物质、反物质。

早在这台世界上最大的正负电子对撞机动工兴建之初，国际上许多物理学家就纷纷提出实验计划，希望能"中标"。然而在由各国组成的委员会进行的无记名投票中，丁肇中提出的L3实验计划以压倒多数获得通过。

人类规模空前的L3实验，耗费了丁肇中大量的时间和精力。由于实验极为复杂，牵涉的学科又多，加之许多国家合作进行，他作为这一实验项目的总负责人，每天的工作量大得惊人。特别是在L3实验准备工作期间和实验开始以后，丁肇中可谓日理万机。这项由14个国家的460多位物理学家和600多位工程技术人员参加的实验，共有4个巨型探测器，这些探测器不仅物理设计构思复杂新颖，而且所需的原材料都没有成品。为确保实验成功，丁肇中从领导科技人员研制探测器开始，便年复一年地在世界各地奔波。

丁肇中的学术思想的特点是，在科学研究中非常重视实验，他认为，物理学是在实验与理论紧密相互作用的基础上发展起来的，理论进展的基础在于理论能够解释现有的实验事实，并且还能够预言可以由实验证实的新现象。当物理学中一个实验结果与理论预言相矛盾时，就会发生物理学的革命，并且导致新理论的产生。

"薛定谔猫" 实验与薛定谔方程

奥地利物理学家薛定谔在1926年连续发表了《作为本征值问题的量子化》《从微观物理学到宏观物理学的连续变换》《论海森伯、玻恩和约尔旦的量子力学与薛定谔的量子力学之间的关系》等六篇论文，成为量子力学的创始人之一，因此荣获1933年诺贝尔物理学奖。

薛定谔一生写了许多论文和著作，其中代表性的有：《量子力学的当前形势》《统计热力学》（1946）、《时空结构》（1950）、《膨胀着的宇宙》（1956）和《我的世界观》（1957）。薛定谔在1944年写的《生命是什么——活细胞的物理学观》成为生命科学与物理科学联姻的里程碑。

1933年10月的一天，以《雾都》著称的伦敦是一个难得的好天气。街上人很多，仿佛都想得到阳光的恩泽。薛定谔和他的夫人却在伦敦的一家小旅馆里，闭门而坐。从柏林来到伦敦已经五天了。今天，他以牛津大学客座教授的身份，被玛格达伦学院接纳为研究员。这是一个好消息，他可以在伦敦继续他钟情的物理学研究了。当然，他不知道紧接着有一个更大的喜讯在等着他。一阵急促的电话铃声响起，薛定谔拿起话筒，只听得电话另一端传来陌生又充满激情的声音："您是薛定谔教授吗？这里是《泰晤士报》编辑部。告诉您一个好消息，瑞典皇家科学院已决定把1933年诺贝尔物理学奖授给您和狄拉克教授了。您是值得骄傲的。"

薛定谔之所以能成为量子力学的创始人，获得诺贝尔奖金并在后来的科研生涯里继续作出卓越的贡献，既和他有坚实的物理理论功底、优秀的哲学素养和数学素养有关，也和他始终重视理论之间的综合，追求科学的统一有关。

把一块石子扔进平静的水池，水池里立即会出现一圈圈由中心向外扩散的水波。水波涟漪，但是水并没有流动。在生活中，声音和光线也都是波动。波动和石块、车辆乃至像分子这样大小的微粒的运动都不一样，波和粒子不是一回事。但是当我们把目光注视到像原子核、电子这样一些极小的粒子的时候，是不是也和我们日常生活中看到的物体有着差不多的形状和行为，只不过体积大小上有差别呢？薛定谔大学毕业后就一直在思考着这个问题。他隐约感到，在原子内部这样小的范围里，用粒子的图像、用地球绕太阳公转的图像来解释电子绕原子核运动不一定可靠。他比较了粒子运动时遵循的哈密顿原理和波动服从的费马原理（也叫最小光程原理）的异同，深深感到这两个原理完全可以综合为一个定律。他说："大自然是把同一个定律用完全不同的方式表

薛定谔

现了两次：一次是用十分明显的光线来表现；另一次是用质点来表现。"他坚信把粒子和波的概念综合起来，把粒子的力学过程建立在波动力学的基础上，是给出原子内部结构形式的真正出路。1926年，薛定谔终于建立了一个完整的波动力学方程。他建立的为微观粒子服从的规律——波动方程，成为打开微观世界大门的金钥匙。今天我们把薛定谔建立的波动方程叫做薛定谔方程。

薛定谔在量子力学中构造的波动力学体系一问世，就以它优美的数学方程和用这个方程计算出的原子结构图像的正确性轰动了整个物理学界。今天要估算一下薛定谔方程究竟已被人们使用过多少次几乎是不可能的。尽管薛定谔方程极为有用，但是在这个方程所反映的波动究竟是什么波的问题上一开始就有不同的看法。薛定谔认为是物质粒子的波，与他持相同观点的有著名科学家德布罗意等，爱因斯坦也对薛定谔的观点表示赞赏。但是，包括玻尔、海森伯及玻恩在内的大多数物理学家则认为薛定谔方程中的波不是物质粒子的波而是概率波。描写波的函数——波函数，使我们知道的不是物质粒子的波动行为而是微观粒子出现在某一地方的概率，就像我们事先不知道

一枚硬币扔到桌上究竟哪一面向上，但却能知道每一面向上的概率一样。薛定谔反对用概率来解释粒子的行为。

1935年，薛定谔以自己的哲学见解，特别是唯物主义观点，加上娴熟的物理技巧，聪明地设计了一个今天我们叫做"薛定谔猫"的理想实验。它使人们相信，粒子的概率行为将

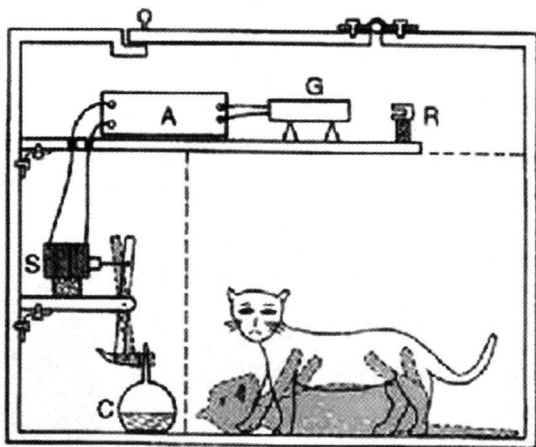

"薛定谔猫"理想实验

会给我们人类所能观察到的宏观世界带来可笑的矛盾。薛定谔想象在一只密闭的盒子里有一只猫，猫的旁边有一瓶毒药。这瓶毒药能不能打开取决于放在盒中的微观粒子的行为（如辐射物质的原子衰变）。一旦装毒药的瓶子被打开，猫就会被毒死。薛定谔说，根据概率解释，这只猫既可能是活猫又可能是死猫，但是只要我们打开盒子就能看到究竟是活猫还是死猫。薛定谔发问，难道猫的死或活是被打开盒子观察的人所决定的吗？这有悖常情，也不符合唯物主义的观点。

薛定谔关于猫的理想实验，虽然在今天用量子力学的概率解释大体上能够说明。但是，概率解释真是唯一正确的吗？今天还有一些科学家在努力，希望得到比概率解释更高明的解释。

生命现象是自然界最神奇、最美妙的现象。自古以来有多少哲人学者想揭开生命现象的奥秘。"生命是什么"这个千古难题引起无数人的思考。薛定谔在都柏林也开始思考"生命是什么"的问题，这或许与他的父亲是生物学家有关。和别人不同的是，薛定谔既没有用纯粹的哲学想象，也没有用传统的生物学方法，而是开创了把物理学和生物学综合在一起去思考生命现象本质的新思路。他用原子间化学键的作用，解释生物大分子结构的稳定性；用生物大分子中有关元素的空间排列解释"遗传密码"；用热力学第二定律

与生物进化的矛盾性来提出负熵的概念，认为像活细胞这样的有机体是依赖负熵为生的。薛定谔把这一系列和生命有关的研究成果写在一本不到100页的小册子《生命是什么——活细胞的物理学观》里。1944年，这本小册子正式出版，震动了生物学和物理学界，吸引了许多年轻科学家投身于他所开创的新的研究领域。今天一些著名的分子生物学家在谈起他们为何投身于对生命本质的研究时，几乎都提及该书对他们的影响。他们中间有发现DNA双螺旋结构的1962年诺贝尔生理学奖获得者沃森和克里克，有1969年诺贝尔生理学奖获得者卢里亚等。当我们今天享用由基因工程带来的工农业新产品，医疗上的新方法、新药品时，可不能忘记薛定谔作为一名物理学家、一位开创物理学和生物学综合之路的科学大师的功绩！

多国科学家的研制实验与原子弹

原子弹是核武器的一种，它的出现是20世纪40年代前后科学技术重大发展的结果。1939年初，德国化学家哈恩和物理化学家斯特拉斯曼发表了铀原子核裂变现象的论文。几个星期内，许多国家的科学家通过实验验证了这一发现，并进一步提出有可能创造这种裂变反应自持进行的条件，从而开辟利用这一新能源为人类创造财富的广阔前景。

同历史上许多科学技术新发现一样，核能的开发也被首先用于军事目的，即制造威力巨大的原子弹，其进程受到当时社会与政治条件的影响和制约。从1939年起，由于法西斯德国扩大侵略战争，欧洲许多国家开展科研工作日益困难。同年9月初，丹麦物理学家玻尔和他的合作者惠勒从理论上阐述了核裂变反应过程，并指出能引起这一反应的最好元素是同位素铀235。正当这一有指导意义的研究成果发表时，英、法两国向德国宣战。1940年夏，德军占领法国。法国物理学家约里奥·居里领导的一部分科学家被迫移居国外。英国曾制订计划进行这一领域的研究，但由于战争影响，人力物力短缺，后来也只能采取与美国合作的办法，派出以物理学家查德威克为首的科学家小组，赴美国参加由理论物理学家奥本海默领导的原子弹研制实验。

在美国，从欧洲迁来的匈牙利物理学家齐拉德·莱奥首先考虑到，一旦法西斯德国掌握原子弹技术可能带来严重后果。经他和另几位从欧洲移居美国的科学家奔走推动，于1939年8月由德高望重的物理学家爱因斯坦写信给美国第32届总统罗斯福，建议研制原子弹，这才引起美国政府的注意。但开始只拨给经费6000美元，直到1941年12月日本袭击珍珠港后，才开始扩大规模，到1942年8月发展成代号为"曼哈顿工程区"的庞大计划，直接动用的人力约60万人，投资20多亿美元。到第二次世界大战即将结束时制成3颗原子弹，使美国成为第一个拥有原子弹的国家。

奥本海默

在第一颗原子弹诞生的前夕，发生了一件令人震惊和惋惜的事。这天，加拿大著名科学家斯罗廷像往常一样来到实验室，拿起螺丝刀，聚精会神地研究用螺丝刀在轨道上将两块铀对合的临界质量。突然，他只觉得手中一滑，螺丝刀出人意料地掉落到地上，刹那间，两块铀发出了可怕的眩光，眼看就要滑到一起。

在常人看来，这也许是一个极小的意外，但是，这位科学家明白，从物理学的原理分析，两块铀合成一块大于临界质量的铀时，就会发生爆炸。这可不是一般的爆炸，而是原子分裂式的爆炸，是"微型原子弹"爆炸。

这种可怕的爆炸就要发生的一刹那，斯罗廷头脑冷静，临危不慌，他用自己那双灵巧而有力的手，迅速果断地掰开了那两块即将滑到一起的铀块，避免了一场毁灭性的核爆炸。

由于斯罗廷的果断行动，试验室里价值连城的精密设备保住了，一起参加研究的同事们得救了，可是，斯罗廷却因此受到了致命的核辐射。9天以后，带着痛苦的微笑离开了人间。他用生命奠基了自己所从事的神圣事业。斯罗廷的行动在科学家中间引起了强烈的反响。人们为了表彰这位科学家大无畏的献身精神，赞誉他是"用双手掰开原子弹的人"。

制造原子弹，既要解决武器研制中的一系列科学技术问题，还要能生产出必需的核装料铀235、钚239。天然铀中同位素铀235的丰度仅0.72%，按原子弹设计要求必须提高到90%以上。当时美国经过多种途径探索研究与比较后，采取了电磁分离、气体扩散和热扩散三种方法生产这种高浓铀。供一颗"枪法"原子弹用的几十千克高浓铀，是靠电磁分离法生产的。建设电磁分离工厂的费用约3亿美元(磁铁的导电线圈是用从国库借来的白银制造的，其价值尚未计入)。钚239要在反应堆内用中子辐照铀238的方法制取。供两颗"内爆法"原子弹用的几十千克钚239，是用3座石墨慢化、水冷却型天然铀反应堆及与之配套的化学分离工厂生产的。以上事例可以说明当时的工程规模。由于美国的工业技术设施与建设未受到战争的直接威胁，又掌握了必需的资源，集中了一批国内外的科技人才，使它能够较快地实现原子弹研制计划。

除铀235、钚239等核材料的生产外，核战斗部本身的研制，必须与整个核武器系统的研制程序协调一致。研制过程大致如下：从设想阶段开始；经过关键技术课题和部件的预先研究或可行性研究，形成包括重量、尺寸、形式、威力、核材料、核试验要求、研制工期、经费等内容的几种设计方案；再经过论证比较和评价，选定设计方案，确定战术技术指标；然后进行型号研究设计、各种模拟试验；工艺试验与试制，通过核试验检验设计的合理性，最后达到设计定型、工艺定型与批准生产。进行这些工作，要有专门的科技队伍，并配备必要的试验场所，包括核试验场。武器交付部队后，研制和生产部门还要提供维护、修理、更换部件等服务工作，按反馈的信息进行必要的改进，并负责其退役处理或更新。

原子弹主要是利用核裂变释放出来的巨大能量来起杀伤作用的一种武器。它与核反应堆一样，依据的同样是核裂变链式反应。按理，反应堆既然能实现链式反应，那么只

世界第一颗原子弹"瘦子"

要使它的中子增殖系数k大于1，不加控制，链式反应的规模将越来越大，则最终会发生爆炸。也就是说，反应堆也可以成为一颗"原子弹"。

核武器系统，一般由核战斗部、投射工具和指挥控制系统等部分构成，核战斗部是其主要构成部分。核战斗部亦称核弹头，并常与核装置、核武器这两个名称相互代替使用。实际上，核装置是指核装料、其他材料、起爆炸药与雷管等组合成的整体，可用于核试验，但通常还不能用作可靠的武器；核武器则指包括核战斗部在内的整个核武器系统。要做好核战斗部的设计，必须深入了解其反应过程，弄清其必须具备的条件与各种物理参数，掌握其中多种因素的内在联系与变化规律。为此，要进行原子核物理、中子物理、高温高压凝聚态物理、超音速流体力学、爆轰学、计算数学和材料科学等多学科的一系列科学技术问题的研究，而核战斗部的研制实践又会反过来带动和促进这些学科的发展。

在研制过程中，以下环节起着重要作用：①要用快速的、大容量电子计算机进行反应过程的理论研究计算，这种计算应尽可能接近实际情况，以便从多种设想或设计方案中找出最优方案，从而节省费用与减少核试验次数。20世纪40年代以来，推动电子计算机技术迅速发展的重要因素之一，正是由于核武器研制的需要。②要按照方案或指标要求，反复进行多方面的模拟试验，包括化学炸药爆轰试验，材料与强度试验，环境条件试验，控制、点火与安全试验等。这些都是为达到核武器高度可靠和安全所必不可少的。③要进行必要的核试验。无论是电子计算机上的大量计算，还是相应的模拟试验，总不能达到百分之百地符合核武器方案的真实情况。特别是氢弹聚变反应所必需的高温条件，还只能由裂变反应来提供（利用激光或粒子束的惯性约束技术来创造这种模拟试验条件，直到80年代初仍处于研究阶段）。因此，能否达到设计要求，还必须通过核装置本身的爆炸试验进行检验。

德国的科学技术，当时本处于领先地位。1942年以前，德国在核技术领域的水平与美、英大致相当，但后来落伍了。美国的第一座试验性石墨反应堆，在物理学家费米领导下，1942年12月建成并达到临界。而德国采用的是重水反应堆，生产钚239，到1945年初才建成一座不大的次临界装置。为生产高浓铀，德国曾着重于高速离心机的研制，由于空袭和电力、物资缺乏等原因，进展很缓慢。另外，希特勒迫害科学家，以及有的科学家持不合作态度，是这方面工作进展不快的另一原因。更主要的是，德国法西斯头目过分自信，认为战争可以很快结束，不需要花气力去研制尚无必成把握的原子弹，先是不予支持，后来再抓已困难重重，研制工作终于失败。

中国在开始全面建设社会主义时期，基础工业有了一定的发展，即着手准备研制原子弹。1959年开始起步时，国民经济发生严重困难。同年6月，苏联政府撕毁中苏在1957年10月签订的关于国防新技术协定，随后撤走专家，中国决心完全依靠自己的力量来实现这一任务。中国首次试验的原子弹代号为596（苏联撕毁协议的日期），就是以此激励全国军民大力协同做好这项工作。1964年10月16日，首次原子弹试验成功。经过两年多，1966年12月28日，小当量的氢弹原理试验成功；1967年6月17日，成功地进行了百万吨级的氢弹空投试验。中国坚持独立自主、自力更生的方针，在世界上以最快的速度完成了核武器这两个发展阶段的任务。

由于核爆炸释放出的能量特别巨大，所以它能使许多用其他方法不可能完成的工作得以完成。核爆炸可以用来开山、辟路、挖掘运河、建造人工港口等。例如，有一个方案，只需四次核爆炸就可开凿一个能停泊万吨巨轮的海港。

首先，进行一次百万吨TNT当量级的核爆炸，就可炸出一个直径300多米、深30多米的大坑。然后进行三次规模较小的核爆炸，开出一条运河来把大坑和深海连接起来(这样的爆炸当然应尽量减少放射性物质的产生)。只要经过几个月的时间，当海潮把产生的少许放射性物质冲走后，这个海港就可安全使用了。

又如，许多地区有大量石油沥青沙层和油页岩，靠钻井并不能开采这种石油，但是核爆炸的高温高压能迫使这种石油流动，因而可以把它开采出来。据称，单把美国西部一个区域内的油页岩中的石油取出来，就可供全世界使用很长一段时间。

核爆炸还可以改造沙漠，使沙漠变成良田。很多干旱的沙漠地带其实也有一些雨水，但是这些雨水多半从地面流进地下河流、流入海中，剩下的一点则很快蒸发掉了，因此地面上没有一点水分，沙漠成了不毛之地。核爆炸可以造成巨大的积水层——"地下水库"。雨季时，雨水储在积水层中，然后慢慢地透过多孔的泥土湿润地表，使之适合于植物的生长。

"氢弹之父"的实验与氢弹

　　泰勒是匈牙利裔美籍物理学家，历史学家和科学家过去一直认为，他是当之无愧的"氢弹之父"。然而，泰勒早在1979年便在一次私下谈话中承认：虽然他提供了氢弹的部分理论框架，虽然许多科学家和工程技术人员为此付出了努力，但"氢弹之父"的称号实际上应该授予当时年仅23岁的芝加哥大学物理课教员加尔文博士。

　　有一些科学史学家称赞泰勒将氢弹的发明归功于加尔文是真诚而坦白的，而另一些人则认为泰勒很虚伪。不过，泰勒的话得到了许多科学家的支持。氢弹先驱者之一里德尔认为，泰勒的话是可信的，而且可以称得上是对历史事实的准确描述。泰勒、加尔文和洛斯阿拉莫斯实验室的数学家乌尔迪对于第一枚氢弹的诞生，发挥了十分重要的作用。

　　加尔文在制造第一枚氢弹的初期，还只是芝加哥大学一名年仅23岁的教员。1950年夏天大学放假，他来到洛斯阿拉莫斯国家实验室，加盟了泰勒的攻关队伍。在过去几十年中，他的知名度越来越大，经常就情报与武器方面的机密事务向政府相关部门提出建议。

　　从20世纪40年代起，也就是原子弹第一次用于消灭人类自己之前，泰勒已在设想发明一种威力更大的武器。他的基本设想是利用原子弹爆炸所产生的高温来引燃氢燃料，使原子发生聚变反应，从而导致更大的核能爆发。不过，当时洛斯阿拉莫斯实验室没有一个人知道该如何实现这一切。

　　正在这个时候，加尔文来了。这是1951年4月，在此之前，年轻的加尔文已经是一名物理学家，原子弹发明人之一的费米对他相当喜爱。

　　1951年7月，在征求了武器实验室的物理学家和工程人员的意见后，加尔文拟定了第一个设计方案。关于这个设计方案的特点，由于保密的原因，加尔文一直没有透露。总之，在秋天他重新回到芝加哥大学之前，他一直忙于这件事。可以说，他的到来给洛斯阿拉莫斯实验室带来了一股活力，随着越来越多的专家加入设计行列，世界上第一枚氢弹诞生的进程加快了。到了1952年初，氢弹诞生了。

现在解密的资料表明，第一枚氢弹有两层楼那么高，根本不可能实现对敌攻击。1952年11月，在太平洋一个方圆一英里的小岛上，这枚氢弹被引爆。爆炸发生后，整个小岛顷刻之间化为乌有。据说，爆炸的当量相当于1040万吨高爆炸药，其威力比美军投到日本广岛的那枚原子弹要大700倍。

在一次采访中，加尔文曾表示，泰勒让他加入氢弹制造者的行列，从技术角度来讲是正确的，因为他对这项工作得心应手。据他透露，他参与了氢弹的理论研究、试验和工程制造的各个阶段。但是现在，加尔文对于当时自己的所为有点后悔，他说："如果我可以挥舞拐杖，赶走氢弹和核时代，我一定会尽全力去做。"显然，加尔文已意识到自己所制造的并不是什么为人类造福的工具，而是可用于毁灭人类的武器。他已经在许多场合不止一次地重申，如果时光能够倒流，他一定不会制造氢弹，或者如果可能，他会尽全力从地球上消除氢弹。

与原子弹不同的是，氢弹理论上是没有破坏力极限的，因为氢弹的燃料非常便宜，制造出多大破坏力的氢弹都是可以的。有科学家说，氢弹的诞生，意味着地球上真正出现了一种能够使世界顷刻之间走到末日的武器，其冲击波的威力之大，足可以将包围地球的人类赖以生存的大气全部吹向太空，或者使大洋的海水涌向陆地，将整个地球变成汪洋。

从这一点看来，所有参与氢弹制造的人，都应该像加尔文后来醒悟的那样，尽一切努力控制或消除这些可能会给人类带来灭顶之灾的武器。

普朗克与普朗克常数实验

马克斯·普朗克是德国物理学家，量子物理学的开创者和奠基人，1918年诺贝尔物理学奖的获得者。普朗克的伟大成就，就是创立了量子理论，这是物理学史上的一次巨大变革。从此结束了经典物理学一统天下的局面。

普朗克

普朗克常数记为h，是一个物理常数，用以描述量子大小。在量子力学中占有重要的角色，马克斯·普朗克在1900年研究物体热辐射的规律时发现，只有假定电磁波的发射和吸收不是连续的，而是一份一份地进行的，计算的结果才能和试验结果是相符。这样的一份能量叫做能量子，每一份能量子等于hν，ν为辐射电磁波的频率，h为一常量，叫为普朗克常数。

19世纪末，人们用经典物理学解释黑体辐射实验的时候，出现了著名的所谓"紫外灾难"。虽然瑞利、金斯（1877—1946）和维恩（1864—1928）分别提出了两个公式，企图弄清黑体辐射的规律，但是和实验相比，瑞利—金斯公式只在低频范围符合，而维恩公式只在高频范围符合。普朗克从1896年开始对热辐射进行了系统的研究。他经过几年艰苦努力，终于导出了一个和实验相符的公式。

他于1900年10月下旬在《德国物理学会通报》上发表一篇只有三页纸的论文，题目是《论维恩光谱方程的完善》，第一次提出了黑体辐射公式。12月14日，在德国物理学会的例会上，普朗克作了《论正常光谱中的能量分布》的报告。在这个报告中，他激动地阐述了自己最惊人的发现。他说，为了从理论上得出正确的辐射公式，必须假定物质辐射（或吸收）的能量不是连续地、而是一份一份地进行的，只能取某个最小数值的整数倍。这个最小数值就叫能量子，辐射频率是 ν 的能量的最小数值 $\varepsilon = h\nu$。其中h，普朗克当时把它叫做基本作用量子，现在叫做普朗克常数。普朗克常数是现代物理学中最重要的物理常数，它标志着物理学从"经典幼虫"变成"现代蝴蝶"。1906年普朗克在《热辐射讲义》一书中，系统地总结了他的工作，为开辟探索微观物质运动规律新途径提供了重要的基础。

童年时期普朗克出生在一个受到良好教育的传统家庭，他的曾祖父戈特利布·雅各布·普朗克（Gottlieb Jakob Planck，1751年—1833年）和祖父海因里希·路德维希·普朗克（Heinrich Ludwig Planck，1785年—1831年）都是哥廷根的神学教授，他的父亲威廉·约翰·尤利乌斯·普朗克（Wilhelm Johann Julius Planck，1817年—1900年）是基尔和慕尼黑的法学教授，他的叔叔戈特利布·普朗克（Gottlieb Planck，1824年—1907年）也是哥廷根的法学家和德国民法典的重要创立者之一。

普朗克十分具有音乐天赋，他会钢琴、管风琴和大提琴，还上过演唱课，曾在慕尼黑学生学者歌唱协会为多首歌曲和一部轻歌剧（1876年）作曲。但是普朗克并没有选择音乐作为他的大学专业，而是决定学习物理。

慕尼黑的物理学教授菲利普·冯·约利（Philipp von Jolly，1809年—1884年）曾劝说普朗克不要学习物理，他认为"这门科学中的一切都已经被研究了，只有一些不重要的空白需要被填补"，这也是当时许多物理学家所坚持的观点，但是普朗克回复道："我并不期望发现新大陆，只希望理解已经存在的物理学基础，或许能将其加深。"普朗克在1874年在慕尼黑开始了他的物理学学业。

普朗克整个科学事业中仅有的几次实验是在约利手下完成的，研究氢气在加热后的铂中的扩散，但是普朗克很快就把研究转向了理论物理学。

1877—1878年，普朗克转学到柏林，在著名物理学家赫尔曼·冯·亥姆霍兹和古斯塔夫·罗伯特·基尔霍夫以及数学家卡尔·魏尔施特拉斯手下学习。关于亥姆霍兹，普朗克曾这样写道："他上课前从来不好好准备，讲课时断时续，经常出现计算错误，让学生觉得上课很无聊。"而关于基尔霍夫，普朗克写道："他讲课仔细，但是单调乏味。"即便如此，普朗克还是很快与亥姆霍兹建立了真挚的友谊。普朗克主要从鲁道夫·克劳修斯的讲义中自学，并受到这位热力学奠基人的重要影响，热学理论成为了普朗克的工作领域。

1878年10月，普朗克在慕尼黑完成了教师资格考试，1879年2月递交了他的博士论文《关于热力学第二定律》，1880年6月以论文《各向同性物质在不同温度下的平衡态》获得大学任教资格。

获得大学任教资格后，普朗克在慕尼黑并没有得到专业界的重视，但他继续他在热理论领域的工作，提出了热动力学公式，却没有发觉这一公式在此前已由约西亚·威拉德·吉布斯提出过。鲁道夫·克劳修斯所提出的"熵"的概念在普朗克的工作中处于中心位置。

在柏林期间，普朗克为柏林物理学会做出了贡献，他写道："当时，我其实是唯一一个理论物理学家，感觉并不轻松，我提出了我的熵理论，而这在当时并不受欢迎，因为它是一个数学的魔鬼。"在普朗克的倡议下，柏林物理学会在1898年改为了德国物理学会。普朗克在柏林洪堡大学教授理论物理学课程，整个课程长达6个学期。莉泽·迈特纳认为他讲课"冷静理智，有些一本正经"一位英国人James R·Partington曾表述普朗克讲课"不用讲稿，从不犯错误，从不手软，是我所听过的最好的讲师。"听普朗克授课的人从1890年的18人增加到了1909年的143人。

普朗克仅有过约20名博士生，其中包括：马克斯·亚伯拉罕（Max Abraham，1875年—1922年）、维也纳学派创始人摩里兹·石里克、瓦尔特·迈斯纳（Walther Meiß ner，1882年—1974年）、马克斯·冯·劳厄（1914年诺贝尔物理学奖获得者）、弗里茨·赖歇（Fritz Reiche，1883年—1960年）、瓦尔特·朔特基（Walter Schottky，1886年—1976年）和瓦尔特·博特（1954年诺贝尔物理学奖获得者）。

1897年，哥廷根大学哲学系授奖给普朗克的专着《能量守恒原理》。1889年4月，亥姆霍兹通知普朗克前往柏林，接手基尔霍夫的工作，1892年接手教职。1894年，普朗克被选为普鲁士科学院的院士。1907年维也纳曾邀请普朗克前去接替路德维希·玻尔兹曼的教职，但他没有接受，而是留在了柏林，受到了柏林大学学生会的火炬游行队伍的感谢。

自20世纪20年代以来，普朗克成了德国科学界的中心人物，与当时德国以及国外的知名物理学家都有着密切联系。1918年被选为英国皇家学会会员，1930～1937年他担任威廉皇帝协会会长。在那时期，柏林、哥廷根、慕尼黑、莱比锡等大学成为世界科学的中心，是同普朗克、W.能斯脱、A.索末菲等人的努力分不开的。在纳粹攫取德国政权后，普朗克并没有与纳粹同流合污。1947年10月3日，普朗克在哥廷根病逝，终年89岁。德国政府为了纪念这位伟大的物理学家，把威廉皇家研究所改名叫普朗克研究所。

最伟大的化学实验

ZUI WEI DA DE HUA XUE SHI YAN

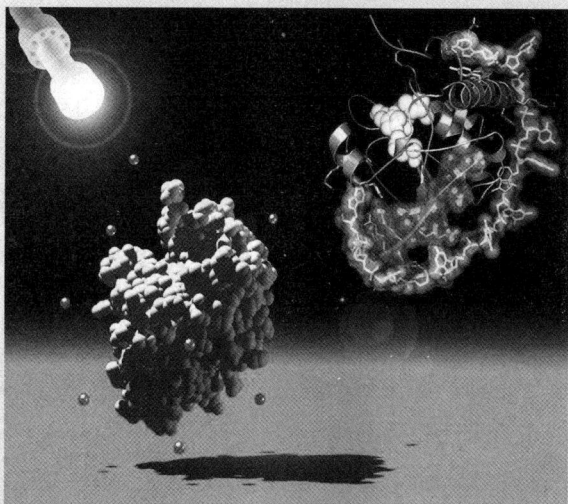

爱迪生的实验与蓄电池

自1900年伏打发明电池以后，人们用电离不开跟蓄电池打交道。可当时的蓄电池都是铅与硫酸制成的铅——硫酸电池。在这种电池里，由于铅无法经受硫酸的强大腐蚀作用，容易腐烂变质，因此寿命短，并且不能反复充电。

这一弊端引起发明大王爱迪生的思索：能不能找到一种不是强酸的溶液代替硫酸，再找一种能与新溶液起化学作用，并能产生电流的物质代替铅。

爱迪生下定决心，便开始了漫长而艰辛的实验。他动员了很多很多的人力，几乎找来所有能找到的化学元素，一个接一个地做试验。

1904年初，在经过近十年的试验之后，爱迪生终于找到了用烧碱(氢氧化钠)溶液代替硫酸，用镍和铁代替铅，制成了一种新型的镍铁碱电池。因为烧碱溶液对镍铁没有腐蚀作用，这种新电池的寿命可延长数倍，而且电力足，轻巧灵便。

爱迪生

爱迪生的新型镍铁碱性蓄电池试验成功后，他的助手问："是不是马上公布发明新的蓄电池成功的消息？"爱迪生连忙摆手说："别忙，试验并未结束，还有一道难关在后面呐！"他用新电池装备了6部不同的电动车，让6名工人，每人开一部到野外道路上做试验。这样经过两个多月反反复复的颠

簧，结果证明电池不怕震荡，才准备把这种蓄电池投入生产。

爱迪生在西奥伦治附近修建了一所专门从事镍铁碱性蓄电池生产的工厂，订货单像雪片一样飞来。但在新产品出厂后几个月，一份用户报

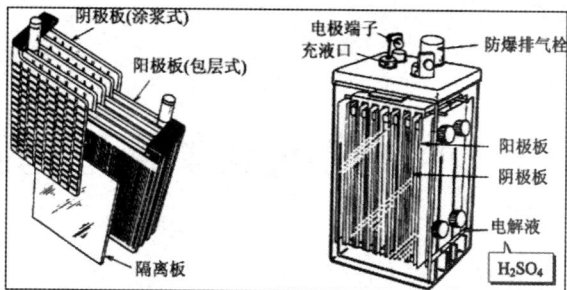

铅蓄电池的构造

告引起了爱迪生的注意：装在电动车上的蓄电池，经过几个月的震颤后，有漏电现象。他立即派人作普遍调查，结果是效果良好，漏电的约占4%。

爱迪生随即下令停产，收回刚出厂的产品！厂长知道了，他很不情愿地说："虽然新蓄电池有点问题，但总比以前市面上的老蓄电池好多了。"

"人家的产品我不管，但我生产的东西，在连我自己都不满意时，为什么要让别人用呢？还是我们来找'臭虫'吧！"他爱把故障叫做"臭虫"。

为了这条"臭虫"，他们又进行了上万次试验，经过五年的努力，才重新制成"A型蓄电池"。

这种比较理想的蓄电池马上被海军装上了潜艇。海军对这种电池评价颇高：由于潜艇在水中是通过大钢瓶供给氧气，过去的蓄电池所产生的有毒气体无法排出；采用这种新的蓄电池后，不会产生有毒气体，海军非常满意。他们又问："这种蓄电池，使用寿命有多长呢？"

爱迪生非常有把握地回答："如果保养得好的话，经过四年，性能还是不变，甚至更久。"

1909年，这种新型的镍铁碱性蓄电池便投入了大规模生产，直至今天，人们还在使用这种蓄电池。为了纪念爱迪生这位劳苦功高的发明人，人们把这种电池称为"爱迪生蓄电池"。

萨姆纳的实验与酶的化学本质

酶，指的是由生物体内活细胞产生的一种生物催化剂。大多数由蛋白质组成（少数为RNA）。能在机体中十分温和的条件下，高效率地催化各种生物化学反应，促进生物体的新陈代谢。生命活动中的消化、吸收、呼吸、运动和生殖都是酶促反应过程。酶是细胞赖以生存的基础。细胞新陈代谢包括的所有化学反应几乎都是在酶的催化下进行的。

古代，我们的祖先通过实践活动，很早就在生产和医疗、酿造等方面积累了很多关于酶学的经验。近代酶学开始于19世纪末期。而"酶"这一名称是在1876年由库恩从希腊文引入的，酶就是发酵的意思，在酶引

布赫纳

入之前一直称作酵素。从1897年德国化学家布赫纳发现酵素开始，便开创了酶化学的研究。

布赫纳是"酵素"即"酶"的发现者，也是蔗糖无细胞醇发酵法的发明者。当他从慕尼黑大学毕业后，便致力于化学的研究。他把全部精力都放在了细菌和酵母压榨液的实验研究上，目的是希望找出引起发酵的根本原因，并于1885年发表了他的第一篇论文《氧对发酵的影响》，为了了解发酵的本质，布赫纳进行了大量的实验。经过多次失败，终于在1897年，他从作为酵母压榨液的保存剂浓葡萄糖溶液中，意外地发现在没有酵母细胞存在的情况下，溶液也能发酵，后来的实验也证明了这个现象。由此他提出，引起发酵的物质是酶，并且首次成功地从活细胞中分离出细胞内酶。发酵作用被证

明是一种酶促化学反应过程，并制得了具有发酵能力的酵母精。布赫纳的这一发现，为百年来发酵机制的难题提供了一把金钥匙。因此，布赫纳在1907年独享诺贝尔化学奖。他这一发现极大地促进了微生物学、生物化学、发酵生理学和酶化学的发展，使酶化学的研究掀开了新的一页。

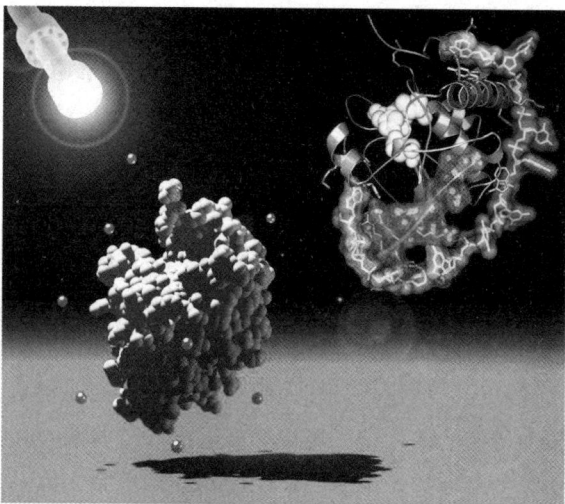

酶的组成

1906年，英国生物学家哈登又在实验中分离出了辅酶（能使酶蛋白具有催化活性的辅基）。1923年，哈登和另一名瑞典科学家歇尔平通过实验研究，确定了辅酶的结构并研究了糖发酵和酶的作用。

1926年，美国生物化学家萨姆纳从刀豆种子中提取出脲酶的结晶，并通过化学实验证实脲酶是一种蛋白质，它具有很强的酶活性。这位独臂生物化学家通过他的艰苦卓绝的实验研究，使人们第一次认清了酶的化学本质。他的这一发现，使他在1946年荣获了诺贝尔化学奖，并把酶化学的研究推进了一个新阶段。1930年前后，美国的生物化学家诺恩罗普制得了胃蛋白酶的结晶，后来又得到了胰蛋白酶结晶等，随后对酶化学的研究主要放在酶的组成、结构以及作用机制上。

半个多世纪以来，对酶和辅酶的认识有了很大发展，目前已知的酶有两千多种。酶在生物体中主要起催化作用。酶的催化效率极高，它不同于一般化学催化剂，不需要高温高压，只需在常温、常压、接近中性的水溶液等温和条件就能发生催化作用，已具有很强的专一性，即一种酶只催化一种生物化学反应。

酶在人体内大量存在，结构复杂，种类繁多，到目前为止，已发现3000种以上。如米饭在口腔内咀嚼时，咀嚼时间越长，甜味越明显，是由于米饭中的淀粉在口腔分泌出的唾液淀粉酶的作用下，水解成麦芽糖的缘故。此外人体内还有胃蛋白酶、胰蛋白酶等多种水解酶，人体从食物中摄取的蛋白质，必须在胃蛋白酶等作用下，水解成氨基酸，然后再在其他酶的作用下，选择人体所需的二十多种氨基酸，按照一定的顺序重新结合成人体所需的各种蛋白质，这其中发生了许多复杂的化学反应。

酶的应用也十分广泛，在医学上，酶疗法已逐渐被人们所认识，广泛受到重视，各种酶制剂在临床上的应用越来越普遍，如胰蛋白酶、糜蛋白酶等，能催化蛋白质分解，此原理已用于外科扩创，化脓伤口净化及胸、腹腔浆膜粘连的治疗等。在血栓性静脉炎、心肌梗塞、肺梗塞以及弥散性血管内凝血等病的治疗中，可应用纤溶酶、链激酶、尿激酶等，以溶解血块，防止血栓的形成等。酿酒工业中使用的酵母菌，就是通过有关的微生物产生的，酶将淀粉等通过水解、氧化等过程，最后转化为酒精；酱油、食醋的生产也是在酶的作用下完成的；用淀粉酶和纤维素酶处理过的饲料，营养价值提高；在洗衣粉中加入酶，可以使洗衣粉效率提高，使原来不易除去的汗渍等很容易除去。

居里夫人的实验与镭的发现

镭，是一种化学元素。它能放射出人们看不见的射线，不用借助外力，就能自然发光发热，含有很大的能量。镭的发现，引起科学和哲学的巨大变革，为人类探索原子世界的奥秘打开了大门。由于镭能用来治疗难以治愈的癌症，也给人类的健康带来了福音。所以，镭的发现者居里夫人被誉为"伟大的革命者"。

居里夫人1867年11月7日生于波兰。1895年在巴黎求学时，和法国科学家皮埃尔·居里结婚。

1896年，法国物理学家亨利·贝克勒尔发现了元素放射线。但是，他只是发现了这种光线的存在，至于它的真面目，还是个谜。这引起了居里夫人极大的兴趣，激起了她童年时就具有的探险家的好奇心和勇气。

1897年，居里夫人根据皮埃尔·居里的建议，选择放射性这一新课题做博士论文。她开始只是重复贝克勒尔的铀盐辐射实验，她用石英晶体压电秤代替贝克勒尔的验电器测放射性的方法不但得到了定性的结果，而且获得了大量精确的数据。

居里夫人首先检验了贝克勒尔的结论，证实新辐射的强度仅与化合物中铀的含量成正比，与化合物的组成无关，也不受光照、加热、通电等因素的影响，肯定这是一种原子过程。但她并不满足于这一结论，决定全面检查已知的各种元素。她找来各种矿石和化学物品，一一做了实验。1898年取得的初步结果表明：绝大多数材料的电离电流都比较小，唯独沥青铀矿石、氧化钍和辉铜矿石（内含磷酸铀）会产生很强的电离电流。于是，居里夫人断定钍也是一种放射性元素。她还发现沥青铀矿石和辉铜矿石比纯铀的活性还强得多。居里夫人想到，既然两种铀矿石都比铀自身还更活泼，从这个事实可以相信，在这些矿石中可能含有比铀活泼得多的元素。

居里夫人预料到从矿石中提炼新的微量元素绝非轻而易举的事，但她还是决心投入极其繁杂的化学分析中去。皮埃尔·居里认识到她这个决定的重要意义，就中断了自己的研究计划，尽力协助夫人进行实验。

1898年7月，他们从沥青铀矿分离出铋的成分显示强烈的放射性，比同样质量的铀强400倍。他们进一步确证，放射性并不是来自铋本身，而是混在铋内的一种微量元素，经过反复实验，他们从首先沉淀下来的渣物中找到了特别强的放射性物质。居里夫人建议称之为钋，为的是纪念她的祖国波兰。

接着，居里夫妇继续进行分离实验，又发现钡盐中有更强的放射性，他们认为还有第二种物质，放射性更强，化学性质则与第一种完全不同，用硫化氢、硫化铵或氨都无法使之沉淀；这种新的放射性物质在化学性质上完全像纯钡，其氯化物可溶于水，却不溶于浓盐酸和酒精。由它可得钡的光谱。他们认为，这种物质中必定还有一种化学性质极其接近于钡，却能产生非常强烈的放射性的新元素。他们进行了一系列的分离，得到越来越活泼的氯化物，其活性竟比铀大900倍以上。他们把这种新的放射性元素命名为镭。

居里夫妇用分离结晶的方法不断提高含镭氯化钡中镭的成分。1899年，居里夫妇得到的晶体比铀的放射性强7500倍，后来竟达到了100000倍，然而仍然不是纯粹的镭盐。

为了提炼出足以进行实验的纯镭盐，居里夫妇不得不从更多的矿渣中分离含镭的氯化钡。经过四年的奋斗，他们终于从8吨矿渣中提取出了0.1克的纯镭盐，接着又初步测定了镭的原子量。1902年，居里夫妇宣布，他们测得镭的原子量为225，找到了两根非常明亮的特征光谱线。这时，镭的存在才得到公认。

1906年，皮埃尔·居里在一场意外的车祸中丧生。居里夫人极为哀痛，但这并没有动摇她献身科学的意志，她决心把与丈夫共同开拓的科学事业进行下去。1910年，居里夫人成功地分离出金属镭，分析出镭元素的各种性质，精确地测定了它的原子量。同年，居里夫人出版了她的名著《论放射性》，并出席了国际放射学理事会。会上制定了以居里名字命名的放射性单位，同时采用了居里夫人提出的镭的国际标准。

居里夫人曾两次获得诺贝尔奖。她是巴黎大学第一位女教授，是法国科学院第一位女院士，同时还被聘为其他15个国家的科学院院士。在她的一生中，共接受过7个国家24次奖金和奖章，担任了25个国家的104个荣誉职位。但居里夫人从不追求名利，她把献身科学，造福人类作为自己的终生宗旨。

居里夫人放弃了炼制镭的专利权。她认为，那是违背科学精神的。她曾经对一位美国女记者说："镭不应该使任何人发财。镭是化学元素，应该属于全世界。"这位记者问她："如果世界上所有的东西任你选挑，你最愿意要什么？"她回答："我很想有1克纯镭来进行科学研究。我买不起它，它太贵了！"原来，居里夫人在丈夫死后，把他们几年艰苦劳动所得，价值百万法郎的镭，送给了巴黎大学实验室。

这位记者深为感动。她回到美国后，写了大量文章，介绍居里夫妇，并号召美国人民开展捐献运动，赠给居里夫人1克纯镭。1921年5月，美国哈定总统在首都华盛顿亲自把这克镭转赠给居里夫人。在赠送仪式的前一天晚上，居里夫人又坚持要求修改赠送证书上的文字内容，再次声明："美国赠送我的这1克镭，应该永远属于科学，而绝不能成为我个人的私产。"

拉姆塞的实验与稀有气体

发现稀有气体的主要功绩应归于英国化学家拉姆塞。两百多年前，人们已经知道，空气里除了少量的水蒸气、二氧化碳外，其余的就是氧气和氮气。1785年，英国科学家卡文迪许在实验中发现，把不含水蒸气、二氧化碳的空气除去氧气和氮气后，仍有很少量的残余气体存在。这种现象在当时并没有引起化学家的重视。

一百多年后，英国物理学家雷利测定氮气的密度时，发现从空气里分离出来的氮气每升质量是1.2572克，而从含氮物质制得的氮气每升质量是1.2505克。经多次测定，两者质量相差仍然是几毫克。雷利没有忽视这种微小的差异，他怀疑从空气分离出来的氮气里含有没被发现的较重的气体。于是，他查阅了卡文迪许过去写的资料，并重新做了实验。1894年，他在除掉空气里的氧气和氮气以后，得到了很少量的极不活泼的气体。

与此同时，雷利的朋友、英国化学家拉姆塞用其他方法从空气里也得到了这样的气体。经过分析，他判断该气体是一种新物质。由于这种气体极不活泼，所以命名为氩（拉丁文原意是"懒惰"）。此后几年里，拉姆塞等人又陆续从空气里发现了氦气、氖气（名称原意是"新的"意思）、氪气（名称原意是"隐藏"意思）和氙气（名称原意是"奇异"意思），而氡则是由德国化学家多恩在镭放射实验研究中发现的。拉姆塞又确定了它们在元素周期表中的位置，拉姆塞荣获1904年诺贝尔化学奖。

这一群气体发现后，由于性质极不活泼，不与任何物质发生化学反应，原子结构最外层都有8个电子(氦为2个)的稳定结构，所以人们称它们为"惰性气体"。甚至有化学家下结论说：惰性气体元素不可能形成化合物，其族编号为"0"也暗示了这种含义(即只有零价的氧化态)。

空气中约含0.94%稀有气体，其中绝大部分是氩。稀有气体都是无色、无臭、无味的，微溶于水，溶解度随分子量的增加而增大。稀有气体的分子都是由单原子组成的，它们的熔点和沸点都很低，随着原子量的增加，熔点和沸点增大。它们在低温时都可以液化。稀有气体原子的最外层电子结构是最稳定的结构，因此，在通常条件下不与其他元素作用，长期以来被认为是化学性质极不活泼、不能形成化合物的惰性元素。稀有气体的电子亲合势都接近于零，与其他元素相比较，它们都有很高的电离势。因此，稀有气体原子在一般条件下不容易得到或失去电子而形成化学键。表现出化学性质很不活泼，不仅很难与其他元素化合，而且自身也是以单原子分子的形式存在，原子之间仅存在着微弱的范德华力（主要是色散力）。空气是制取稀有气体的主要原料，通过液态空气分级蒸馏，可得稀有气体混合物，再用活性炭低温选择吸附法，就可以将稀有气体分离开来。

随着工业生产和科学技术的发展，稀有气体越来越广泛地应用在工业、医学、尖端科学技术以至日常生活里。

利用稀有气体极不活动的化学性质，有的生产部门常用它们来做保护气。例如，在焊接精密零件或镁、铝等活泼金属，以及制造半导体晶体管的过程中，常用氩作保护气。电灯泡里充氩气可以减少钨丝的气化和防止钨丝氧化，以延长灯泡的使用寿命。

稀有气体通电时会发光。世界上第一盏霓虹灯是填充氖气制成的（霓虹灯的英文原意是"氖灯"）。氖灯射出的红光，在空气里透射力很强，可以穿过浓雾。因此，氖灯常用在机场、港口、水陆交通线的灯标上。

氦气是除了氢气以外最轻的气体，可以代替氢气装在飞船里，不会着火和发生爆炸。氦气还用来代替氮气作人造空气，供深海潜水员呼吸。

氪能吸收X射线，可用作X射线工作时的遮光材料。

氙灯还具有高度的紫外光辐射，可用于医疗技术方面。氙能溶于细胞质的油脂里，引起细胞的麻醉和膨胀，从而使神经末梢作用暂时停止。人们曾试用80%氙和20%氧组成的混合气体，作为无副作用的麻醉剂。

将铍粉和氡密封在管子内，氡衰变时放出的 α 粒子与铍原子核进行核反应，产生的中子可用作实验室的中子源。氡还可用作气体示踪剂，用于检测管道泄漏和研究气体运动。

尤里的实验与氘的发现

美国人尤里，1914年进入蒙大拿州立大学学习，1917年获物理学士学位。1921年考入加利福尼亚大学研究院，1923年获化学博士学位。同年赴丹麦哥本哈根追随玻尔研究原子物理学，1924年回国后在霍普金斯大学任教。1929年起任哥伦比亚大学教授。

尤里在1931年发现了氢的同位素氘，为此荣获1934年诺贝尔化学奖。以后他离析了氧、氮、碳、硫等重同位素，并获得它们周密的化验程序。第二次世界大战期间，在研究浓缩铀235同位素和生产重水的方法，以及研制各种金属的代用品等方面都取得成就。

令人感到惊讶的是，尤里能够作出重大的发现，是由于喜剧性的错误所导致的。

在氘发现以前的十几年里，同位素的研究是一个颇为活跃的领域。人们在积极地思考为什么会存在同位素，是什么决定了它们的数目、相对丰度和质量等问题。1931年7月，加州大学物理学教授伯格和里卡天文台的天文学教授门佐发表论文指出，按当时使用的两种原子量体制——物理学制和化学制，来表示某一元素或同位素的原子量会有两个不同的量值。在物理学制中，原子量由质谱仪定出；在化学制中，原子量由膨胀法定出。因此，按物理学制写出的原子量数值要大一些。伯格和门佐发现氢原子量的物理学制测量值并不显大，其化学制的测定值为1.00777 ± 0.00002，而由卡文迪许实验室的阿斯顿以质谱仪测出的物理学制值为1.00778 ± 0.00015。这就是说，氢的原子量的两种量值除去允许的实验误差之外是相同的。他们指出，这只能说明常态的氢也是同位素的混合物，只是重同位素占的比例不大，质谱技术显示不出而已。他们第一次把氢表为由轻同位素1H和重同位素2H所组成，并假定2H的原子量为2，计得2H对1H的相对丰度约为1／4500。然而，伯格和门佐仅仅是作了一种推测而已，是不是真的存在着氢的重同位素2H还是一个谜。至于阿斯顿的测量是不是准确，没有人，也不可能有人去怀疑。

年轻的物理学家尤里也兴致勃勃地参加到寻找轻元素的同位素的实验研究行列中来。在读到伯格他们的文章后至多一两天，他就动手用实验来证实氢的同位素是否存在。他想到了用光谱方法，利用伍德放电管可以获得原子光谱，根据巴耳末线系去识别氢和它的同位素。尤里应用巴耳末线系公式和原子参数计算出氢和假想中的氘的巴耳末系α、β、γ线大致有10~20纳米的差别，这对于感光密度相同的摄影底片，产生感光线所需要的时间是不同的。精确地测量出这些时间并加以比较，可以确定氘对氢的相对比例。尤里在实验中果然在假想中的氘的巴尔末系α、β、γ线的计算位置上发现了极弱的谱线。它们之所以很弱，可能是由于氘的比例极小，也可能是杂质或光栅的重叠像所引起的。

尤里决心搞清楚这些极弱谱线的来龙去脉，他相信它们归因于氢的重同位素，而不是杂质和幻影。这只有提高伍德放电管内氢中氘的比例，并观察到相应增强的巴耳末谱线的强度。尤里决定采用分馏法，他与华盛顿国家标准局的布里克维合作，蒸发液态氢作为试验样品。第一批样品是在低温20开和101325帕下蒸发的，但并没发现标志重氢存在的光谱线强度有显著的提高。他们并不气馁，布里克维又在更低温14开和约7066帕下蒸发了第二批样品。在这批样品中，氘的巴耳末线强度有了6~7倍的增强。尤里由此推断，他先前得到的新光谱线确实是由氘产生的。

决定性的证据还有：观察到的氘的巴耳末线α线是一对有裂缝的双线，这是符合巴耳末光谱系理论的。尤里终于找到确凿的证据宣告了氘的存在。

人们都认为，尤里的运气是不错的。确实是这样，他在考虑浓缩氘的各种方案时曾经想到过电解法。但他的一位同事、电解法方面的权威却告诫他用电解法毫无希望，因为室温下电解池电极处同位素的平衡浓度的差别极小，以至分离出的同位素微不足道。这使尤里感到沮丧。然而布里克维为尤里制备样品时却先以电解法制备氢，然后再分馏。他以氢氧化钠溶液作为电解液，最先的电解过程中被电荷中和得到的氢中只含有很少的氘，分馏后的第一批样品得到的光谱线强度当然不会太强。

意外的是，氘却被浓缩在残液里，以此再电解和分馏得到的第二、第三批样品里氘的浓度就大大提高了。这不仅使尤里证实了氘的存在，而且还导致了氘的电解浓缩法的发明。

更富有戏剧性的是，在尤里发现氘四年以后，阿斯顿报告了他早年所犯的一个错误，他用质谱法测得的氢的物理学制原子量值1.00778是错的，经校正后的正确值为1.00813，与之相应的化学制值应为1.00780，这与当时流行的化学制原子量值1.00777基本一致。如果阿斯顿早年不犯这个错误，或他早些发现这一错误的话，伯格和门佐的计算就会毫无意义，他们就不会预言氢有重的同位素。然而尤里和他的同事们却很高兴竟然发生了这样的过失，正如尤里在1934年获得诺贝尔化学奖讲演时所说的那样，伯格和门佐的预言"在氘的发现中是如此重要……没有了这个预言，大概我们就不会去进行探索，而氘的发现就可能被耽搁一些时候"。

阿斯顿的过失促成尤里作出了重大发现。阿斯顿本人则认为，他不知道这件事有什么可借鉴之处，他很难劝告别人有意去制造错误，他说唯一合适的做法就是持续不断地进行研究。在科学发现的过程中，有时候一些依照错误的事实作出的假说，或者本身是错误的假说（或预言）所起的作用是不能低估的。

除了伯格和门佐的预言之外，当时关于原子核是由质子和"核电子"组成的假说也指引着尤里去发现氢的同位素，尽管这个假说也是错误的。

原子核是由质子和中子组成的。但尤里却以此为依据，以质子数为纵坐标，核电子数为横坐标（核电子数为原子数减去元素的原子序数），画出了原子核中质子与"核电子"的相关曲线图。在这张图上，他用小黑点表示从1H到30Si的原子核，用小圆圈表示1931年时尚不知道的原子核。当把这条曲线延伸到1H以后，尤里就自然想到可能存在2H、3H等，因为有了它们的补充，曲线才是完整的。

这幅画一直挂在尤里实验室的墙壁上，鼓舞着他去发现"新大陆"。而尤里最终发现了"新大陆"，除了运气之外，最关键之处却在于他以严谨的科学态度和确凿的科学事实去验证假说。

鲍林的实验与量子化学

美国量子化学家鲍林，他的贡献不仅涵盖了整个化学领域，而且涉及生物学和医学。鲍林的科学生涯是丰富多彩的创造生涯。他除了在称作"化学家手中的金钥匙"——化学键本质研究方面成就卓著外，还在研究血清系统及抗体与抗原的蛋白质结构、普通麻醉剂的分子基础、异常酶和精神病的关系、镰形细胞贫血原因、古生物遗传分子机制以及原子核结构等方面作出了令人敬佩的成绩。一个化学家在如此广泛的领域取得如此众多（不少是开创性的）的成就，而且在五十余年的科学生涯中绵亘不断，这在现代化学史上并不多见。

1954年，鲍林因对化学键的本质、晶体和蛋白质结构方面的贡献获得诺贝尔化学奖。1963年，他又因唤起公众对大气层核试验所释放的放射线危险的注意而获得诺贝尔和平奖。

鲍林重视化学实验，强调经验知识，又深信化学结构问题应该而且可以通过现代物理学的理论来解决。他正是在这个实验和理论的结合点上去掌握化学键的本质，而他的科学生涯也正是从这里开始的。

中小学时代的鲍林是个好奇的少年，而周围环境，包括他的父亲、同学和老师所给予他的化学熏陶又大大地激发和助长了他的好奇心，使他对化学的爱好与日俱增。整个高中时代，鲍林特别喜欢数学和化学实验。他在优秀的化学老师格林的指导下，做了一系列有机实验与定性分析实验，并以他所理解的方式去寻找成为一名化学家的途径。大量的实验

鲍林

活动使鲍林很早就熟悉了化学家的理论和传统，而1919年至1920年的大学学习生活，更使他全面地认识了经典化学理论和传统的成就与不足。

这种成就主要表现在经典化学结构理论对于制备新物质的指导作用上；而它的不足之处则在于对化学键本质的解释不能令人满意。对物质性质与结构关系的探索，与其说是理论上的，不如说是经验上的。为了克服这种不足，鲍林开始阅读有关分子的电子结构方面的论文，主要有美国化学家朗谬尔在1919年以及路易斯在1916年发表的早期论文。这些文献阐述了从电子角度看原子，用量子观点认识化学变化中的能量关系等问题。这极大地强化了鲍林的愿望：只要了解物质的物理和化学性质与组成它们的原子和分子结构的关系，就有可能揭示化学键的本质。这个愿望可以说决定了鲍林以后50年的研究方向。

鲍林真正的科学研究生涯始于1922年。这一年，鲍林到加利福尼亚州理工学院攻读研究生。他力求通晓数学、物理学和化学中的大量新知识，进而去求索物质的性质和分子结构的关系。也正是在这一年，他跟罗斯科、迪金森一起用X射线衍射法测定辉钼矿石（二硫化钼）的晶体结构并取得了成功。它使鲍林深感X射线结构分析能取得大量晶体结构的信息，诸如原子间的距离和键角的分布细节等。由此，鲍林进一步认识到物质结构的奥秘能通过精心设计的实验得到挖掘与揭示。跟同时代的化学研究生相比，鲍林较多地掌握了数学和物理学的知识，特别是他在1925年至1927年间游学欧洲，从玻尔、索末菲、薛定谔以及布拉格等现代物理学家那里了解到物理学理论和实验的最新进展。这样，鲍林具备了自己的优势，开始形成自己独特的研究方法，即实验研究和理论探讨相结合，既重视化学经验知识的作用，又注重现代物理学理论（量子力学等）对化学结构问题的指导。

鲍林的这种结合，首先体现在他广泛采用的半经验方法之中，即，既有根据物理学基本原理进行的演绎推导或论证，又有对实验资料的归纳，两者互相补充。在鲍林的半经验方法中，作为归纳的前提往往是假设。

鲍林认为，这种假设是从考察自己的和其他人的部分经验和部分理论而设计得出的。这种假设虽然简单，却能对核间距和原子配位数作出理论修正。例如，鲍林由屏蔽常数来讨论离子半径的模型就是假定性的，但是理论值和实验值能很好地相符合。他明确表示："提出一个简单的假设，使它与已有的化学实验资料作经验性的对比并进行验证，再用来预测新的现象。"鲍林在这里，把他的半经验方法进一步发展成为假设和推测的方法（即通过假设来推测科学真理的一种研究艺术），其目的是要建立一个从结构上阐明物质性质的理论，它要能解释现有事实并作出预言和修正。鲍林正是用这种包含假设和推测的半经验方法，预言了结构、晶胞形状及其大小和原子的配位等问题，并获得了成功。

作为实验研究和理论探讨相结合的进一步发展，鲍林在化学经验和量子力学相结合上作出了突出的贡献。这也是他研究方法的另一特色。

该方法的中心思想，是用量子力学理论来研究原子和分子的电子结构并揭示化学键的本质。但在具体研究方式上不注重化学问题的数学处理，而是力求把量子力学方法跟化学实验与化学原有的理论有机结合起来。

这种研究方法的特点主要体现在以下两个方面：首先，不断提出新的化学概念，并利用它来概括实验资料和总结化学结构的规律。鲍林用该方法所提出的"杂化""共振"以及"电负性"等重要化学概念，并非单纯依赖于量子力学的研究，还借助于化学的经验知识。例如，鲍林在1928年提出的杂化概念就是受到化学中四面体碳原子的启迪。他用1个S轨道与3个P轨道混合，形成4个等价的SP3杂化轨道，以此来描述化合物中碳原子的价电子状态。在这里，鲍林不是简单地套用量子力学对游离碳原子的描述，而是改变形式以适合化学的要求。如果不顾碳原子的实际，简单地搬用量子力学，那么会认为碳原子的价电子轨道仅有2S轨道和2P轨道两类。这就会造成碳原子四面体结构和从光谱学、量子理论中得出的结论相矛盾。而杂化概念及杂化成键作用的提出，使物理学家发现的电子结构知识跟严格基于四面体碳原子的经典化学理论认识相一致。对此，化学家们很快就给予了认同。其次，注重用量子力学来分析化学问题，发展简单的理论而不是去进行繁复的量子力学计算。同样，对于杂化轨道理论，鲍林指出：作为价键理论定域描述的一种工作模型，它依靠量子力学从电子层次上来揭示化合状态中原子的本质属性。应用这个模型能得出满意的结果，它的价值远远超过经典的四面体碳原子模型。一般说来，这种简单的理论属于定性的理论，但在一定条件下，还能在半定量的范围内得出许多正确的结论。

鲍林这种把量子力学同化学经验相结合的研究方法是在一定的历史条

件下提出的，难免有局限性。例如，对量子力学原理的阐述与应用还比较粗糙等。但这种相结合的思想对"量子化学"这门新兴学科的形成及其所具有的方法论上的意义却是深远的。可以说，它为化学的非经验化开辟了一条有效途径，至今仍有现实意义。人们已经日益认识到，量子化学的核心不在于量子力学计算的数学技巧，而是借助于计算对大量新的经验材料

鲍林

加以概括，提炼新的概念和原理，以求从电子层次上去揭示化学变化的规律。

　　1959年，鲍林和罗素等人在美国创办了《一人少数》月刊，反对战争，宣传和平。同年8月，他参加了在日本广岛举行的禁止原子弹氢弹大会。由于鲍林对和平事业的贡献，他在1962年荣获了诺贝尔和平奖。他以《科学与和平》为题，发表了领奖演说，在演说中指出："在我们这个世界历史的新时代，世界问题不能用战争和暴力来解决，而是按着对所有人都公平，对一切国家都平等的方式，根据世界法律来解决。"最后他号召："我们要逐步建立起一个对全人类在经济、政治和社会方面都公正合理的世界，建立起一种和人类智慧相称的世界文化。"鲍林是一位伟大的科学家与和平战士，他的影响遍及全世界。

李远哲的实验与交叉分子束方法

李远哲，美籍华裔化学家。出身于中国台湾省新竹的一个艺术之家。父亲是有名的水彩画家，原想让儿子将来从医得个"金饭碗"。可是，李远哲却对化学颇感兴趣，并渴望自己能掌握自己的命运。

最终他心想事成，以优异的成绩被保送进台湾大学化学系开始化学基础理论的学习与研究。尔后进入台湾清华大学原子研究所深造，1962年获硕士学位。不久赴美国加州大学伯克利分校化学系攻读博士学位，师从梅恩教授，开始尝试用分子束方法来了解分子的动态反应。获得博士学位后，于1967年2月转入哈佛大学跟随赫希巴赫教授作博士后研究，从事分子束技术的探索。他用了一年半时间完成了世界上第一台大型交叉分子束实验装置的试验，并一次装机成功。这实质上是一项通向诺贝尔奖领奖台的艰难试验。

1974年，李远哲在伯克利建立起了世界上第一流的分子束实验室，装配了国际上最先进的实验装备。从1972年开始到1979年，李远哲用交叉分子束方法来研究多种有机分子反应，取得了杰出的成果，并在工业技术中，诸如大型集成电路、涂布光子器材、喷镀刻蚀等方面都发挥了巨大的作用。1979年，李远哲被选为美国科学院院士；1986年，他和导师赫希巴赫及另一位加拿大科学家波拉尼同获诺贝尔化学奖。

当代化学反应理论的研究进入微观层次的标志是分子反应动态学的建立。一批有开拓精神的化学家大胆创新，用微观的实验技术（微电子技术、高真空技术、分子束及激光技术等）和理论方法相结合来研究化学反应的速率和机理；并从分子基态间的反应转向激发态的研究，从研究大量分子的宏观行为转向研究个别分子的微观行为。在这批化学家中，李远哲是杰出的代表人物。

那么，李远哲是怎样确定去从事分子反应动态学这个研究方向的呢？李远哲曾直言不讳地说，中学时他对数学、物理比较感兴趣，学习成绩较好，自认应该多做些理论工作；但他同时还喜欢动手做实验，不愿意只做纯理论化学的工作。李远哲在业余时间酷爱打棒球。棒球比赛的规则规定进攻的一方必须要用木棒去击打对方投过来的球，所以总要发生球和棒的撞击。他由此联想到：研究分子间反应的速度，要了解反应进行的程度及其变化，这不也就是要看到分子、原子间的撞击，特别是两种（或多种）反应物的单个分子间的一次碰撞吗？唯有这样，才能从分子水平上来知道分子（如反应物和产物分子）的真正状态，而不是以往达到的大量分子间反应、碰撞后的一种统计的平均结果。

李远哲

所以，李远哲希望进行的是一种微观的、动态的研究。而这正是70年代后才开拓的现代化学的最前沿研究。但要真正实现这种研究，又谈何容易！

李远哲深知，若要真正从分子水平上研究化学反应，两个反应物分子只要经过单次碰撞，产物分子就能被检测出来。这首先需要高真空技术，即反应器中的分子数相当的少，这样才不至于发生二次碰撞；或者是在第二次碰撞前已经检测出产生新分子的状态。其次，需要有分子束的技术，即能够实施检测和研究反应物分子发生碰撞的方向和速度。这样才能真正知道碰撞后产物分子的状态究竟怎样，以及它和反应物分子的状态有着怎样的依赖关系。由于产物的分子数极其稀少，这就给检测产物分子带来了困难。根据计算，在典型的交叉分子束实验中，被散射到检测区的产物分子数每秒只有几个到几十个，这相当于产生的电流只有10~18安培数量级。如此微弱的信号，一般的检测手段是无能为力的。

所以，要研究这样的分子反应，绝不是件轻而易举的事，关键是要攻克实验技术的创新难关。李远哲全身心地投入到设计、制造分子束实验装置的试验之中，正如他自己所说："在试验中碰到的困难确实不少，但我明白碰到困难正是发现新东西的机会。好好分析产生困难的原因，向左、向右，或推倒重做，最后终会成功。"李远哲设计出分子线碰撞仪、离子线与分子线交叉仪等多种分子束实验仪器。他还用自己设计的束源可以固定、而质谱检测器可以转动的装置考察了氟和氘（氢的一种同位素）的反应，直接得到了产物分子的振动能量分布，因而被誉为划时代的实验。

原先的分子束仪器只用来研究物理上的碰撞问题，而由李远哲参与设计的分子束装置，能准确地捕捉到化学反应中分子的真正状态和反应的真实过程，从而为化学研究开创了新领域。跟他一起工作的赫希巴赫教授称赞李远哲是个"惊人的实验天才"。

李远哲领导的分子束实验室如今已成为世界上研究最活跃、成果最显著的实验室之一。他所倡导的交叉分子束方法在化学、物理及工业技术中均获得了广泛的运用并取得了重大成果，在化学领域中的业绩尤为辉煌。1972年，李远哲运用交叉分子束方法研究氟原子跟烯烃、双烯烃、芳香烃及杂环化合物等三十多种有机分子的反应，测定了分解产物分子的角度分布和速度分布，证明了过去单分子反应的统计理论对这些反应并不适用。1976年至1979年，李远哲领导下的伯克利研究小组在解决强红外光辐射作用下六氟化硫分子的多光子解离作用的研究中作出了突出贡献，他们用激光分子束实验几乎完全搞清了红外多光子解离的诠释。

李远哲运用分子束实验技术之所以能作出如此重大的贡献，是与他在思维方式和研究方法上独具的特点分不开的：

首先，李远哲高度重视实验手段的改进及其对化学动力学研究的重大作用。他认为，正是由于激光技术和交叉分子束实验技术的运用，才使得过去只是从理论上知道反应的途径应该跟轨道的对称性相关的状况得到了改变。现在科学家真的看到了这种现象，从而使人类对基元反应的了解大大地向前深入了一步。他还强调，搞理论化学的人要善于动手做实验。他在预测对多原子自由基化学性质进行深入研究的前景时，提出过这样的批评和建议："搞化学物理的人往往不善于动手合成样品，如果用心想一想或者跟做合成化学的人合作的话，就可以用微观的方法产生自由基并研究它。"

其次，李远哲十分强调实验研究必须同量子力学的理论分析和计算相结合，并认为在未来化学动力学（或分子动态学）的发展中，量子化学将发挥更重要的作用。他指出："随着量子力学和计算机技术的发展，许多化学问题可以经过量子力学的计算来了解和解决。"

1986年，李远哲曾提出一个设想："再过20年，很多较简单的体系将不再用实验手段来解决，而要依靠量子力学的理论来计算。"他还指出，过去在化学上有过一些争论。许多人认为，如果量子力学导出的理论结果跟实验有矛盾，那么理论往往是有错误的。而最近10年来却恰恰相反，常常是实验有错误。

第三，李远哲主张运用层次的观点（或一种简单的连贯关系）来把握客观世界和物质的化学运动。他认为："要了解宏观（化学）现象就要了解基元反应；而要研究基元反应，一定要懂得量子力学的基本原理。"

交叉分子束实验技术的成功给李远哲带来了巨大的荣誉，但他并不陶醉于此，更多地是想让这种实验研究方法更快地服务于社会和报效祖国。近二十年来，李远哲多次返回祖国大陆，为祖国大陆播种、培育与发展交叉分子束技术而不遗余力。1978年李远哲首次回大陆，就热情地向大陆同行提供了他设计的分子束装置图纸；第二年，在中科院化学研究所他又提出一个新的设想：让分子束源可以转动，用紫外激光来轰击有机物小分子，以便制造出适合中国国情的分子束实验装置。1982年，李远哲又为化学所激光分子束装置的加工、安装和调试提出了许多宝贵的建议。

1985年，李远哲与大陆科学家一起对分子束装备又作了重大改进。1986年，他所指导设计的分子束激光裂解产物谱仪建成，并通过了鉴定。该装置被专家一致公认为是目前国际上最高水平的三套设备之一。

阿斯顿的质谱实验

1897年，英国著名的物理学家约瑟夫·约翰·汤姆逊在阴极射线的定性和定量研究中发现了电子。阴极射线即为一股电子流。这一发现不久就引起了强烈的反响。人们才知道还存在比原子更小、建造一切元素的电子，原子也是可分的。这就将更多的科学家吸引到阴极射线和探索原子结构的研究中。

1898年，德国物理学家维恩又发现，不仅阴极射线在磁场和静电场中会发生偏转现象，某些正离子流也同样受磁场和静电场的影响。这种从气体放电管中引出的正离子流又称阳射线。在阴极射线研究中取得重大成果的汤姆逊，1905年转而开始研究阳射线。在研究中他发现，把氖充入放电管做实验时，在磁场或静电场作用下，出现了两条阳射线的抛物线轨迹。进一步研究，他又测出这两条抛物线所表征的原子量各为20和22。而当时公认氖的原子量为20和18。于是汤姆逊认为这可能是氖（Ne）和Ne与H2的混和气体。尽管当时索迪已经提出同位素的概念，但是汤姆逊对这一概念却持否定的态度，因此，他对自己的实验结果无法作更合理的解释。

毕业于英国伯明翰大学的阿斯顿在大学学习期间，特别是他当物理研究生时，已显示出他在制作实验仪器和实验技巧上有着出众的才能。毕业后他的导师波印亭就将他留在身边作助手。这时，作为著名的科研机构——卡文迪许实验室主任的汤姆逊急需聘任一个助手，一个擅长制作仪器、并有一定实验技术的助手。为了阿斯顿有更快的发展和更好的前途，波印亭十分慷慨地把他得意的助手阿斯顿推荐给汤姆逊。这样，阿斯顿来到了这个人才辈出的卡文迪许实验室，开始了新的科研生涯。

汤姆逊交给阿斯顿一个重要任务，即改进当时他做阳射线研究的气体放电实验装置，以更准确地测定阳射线在电磁场中的偏转度，从而来决定氖的组成和其原子量。灵巧的阿斯顿在汤姆逊的指导下，制造了一个球形放电管和带切口的阴极，改进了真空泵，发明了可以检查放电管真空泄漏的螺管和拍摄抛物线轨迹的照相机，这些改进明显地提高了实验的水平，与此同时，他们也改进了实验方法。他们通过装置的改进，将电场和磁场前后排列，但是二者的方向相互垂直，还使它们的作用力与阳射线平行而方向相反。在这种实验装置中，阳射线在两种场的作用下，经过不同玻璃制造的棱镜后，分别向相反方向偏斜，然后又聚焦到同一点上，使感光底片感光乙被检测的气体元素的同位素会因为原子量不同，阳射线的速度也不同，致使其偏斜后的曲线曲率不同。据此就可以测出同位素及其原子量。

年轻的阿斯顿思想活跃，勇于接受新事物。当他仔细地研读了素迪的同位素假说后，立即认为这一假说是可以成立的。他采用了同位素的概念，用以解释他在实验中的发现。阳射线在电磁场作用下出现两条抛物线轨迹，表明同位素确实存在。由于同位素的质量不同，所以扩散时的速度也不同，固而出现丽条抛物轨线。为了更清楚地证实这点，他先用分馏技术，然后又用扩散法，将氖同位素进行分离，最后再精确地测定它们的原子量，证实了Ne20和Ne22的存在。在1913年的全英科学促进会上，阿斯顿宣读了由这些工作而撰写的论文，并做了实验演示，展示了两种氖同位素的试样。对于他的这项研究，同行们给予很高的评价。他也由此而获得了麦克斯韦奖。

第一次世界大战爆发后，阿斯顿应征入伍，来到皇家空军的一个部门，从事战时的科学研究。虽然身在军营，但是他从未忘记思考和整理前段时间对阳射线和同位素的研究。设想假若能发明一种仪器，可以测定各种元素均有同位素的存在。那么他的研究就可以有新的突破。战争刚宣布结束，他就急忙赶回卡文迪许实验室，开始新的攻关。

阿斯顿回到卡文迪许实验室不久，汤姆逊就任剑桥大学三一学院院长，著名物理学家卢瑟福接替了汤姆逊的工作，成为卡文迪许实验室的负责人。卢瑟福最早提出放射性元素的擅变理论，因而对同位素的假说是理解的。他对阿斯顿的工作给予了很大的鼓励和具体的指导，使阿斯顿有更足够的信心来实现自己的计划。

阿斯顿根据他原先改进的测定阳射线的气体放电装置，又参照了当时光谱分析的原理，设计出一个包括有离子源、分析器和收集器三个部分组成的，可以分析同位素并测量其质量及丰度的新仪器，这就是质谱仪。离子源部分使用来研究其同位素的物质形成离子，然后将离子流经过分析器，在恒定的电场和磁场作用下，各同位素的离子由于质量不同，各循不同的路径到达收集器，从它们到达收集器的位置和强度，可测得各同位素的质量和丰度。阿斯顿所研制的这一仪器也可以称为阳射线的光谱仪，是他从事阳射线和同位素研究的结晶。这种仪器对于测量的结果精度达到千分之一。因此使用这一仪器能帮助阿斯顿在同位素的研究中大显身手。

他首先使用这一新的仪器继续战前的研究，对氖作重新测定，证明氖的确存在Ne20和Ne22两种同位素，又因它们在氖气中的比例约为10：1，所以氖元素的平均原子量约为20.2（后来又发现氖存在第三种同位素Ne21，氖元素的平均原子量为20.18）。随后，阿斯顿使用质谱仪测定了几乎所有元素的同位素。实验的结果表明，不仅放射性元素存在着同位素，而且非放射性元素也存在同位素，事实上几乎所有的元素都存在着同位素。最早素迪和里查兹都是根据放射性元素的衰变产物来证实同位素的存在，现在在质谱仪的帮助下，人们发现同位素的存在是个普遍的现象。阿斯顿在71种元素中发现了202种同位素。长期以来，元素一直是化学研究的主要对象，直到今天，由于阿斯顿的杰出工作，人们才发现元素具有这么丰富的内容。

质谱仪的使用、同位素的研究还解决了一个长期争论而又迷惑不解的问题。自从1815年英国医生普劳特提出所有元素的原子量均为氢原子量的整数倍的假说后，人们一直对此假说半信半疑。开始时，一些化学家认为它有道理，然而精确测定原子量的结果只能使他们垂头丧气。当门捷列夫提出元素周期律，揭示了元素间存在内在联系的规律性后，一些化学家重提普劳特假说，认为它可能是正确的。当时英国化学家克鲁克斯就在一篇题为"元素的产生"的论文中提出："所谓元素或单质实际上都是复合物，所有元素都是由一种原始物质逐步凝聚成的"。斯塔关于原子量的精确测定再次否定了普

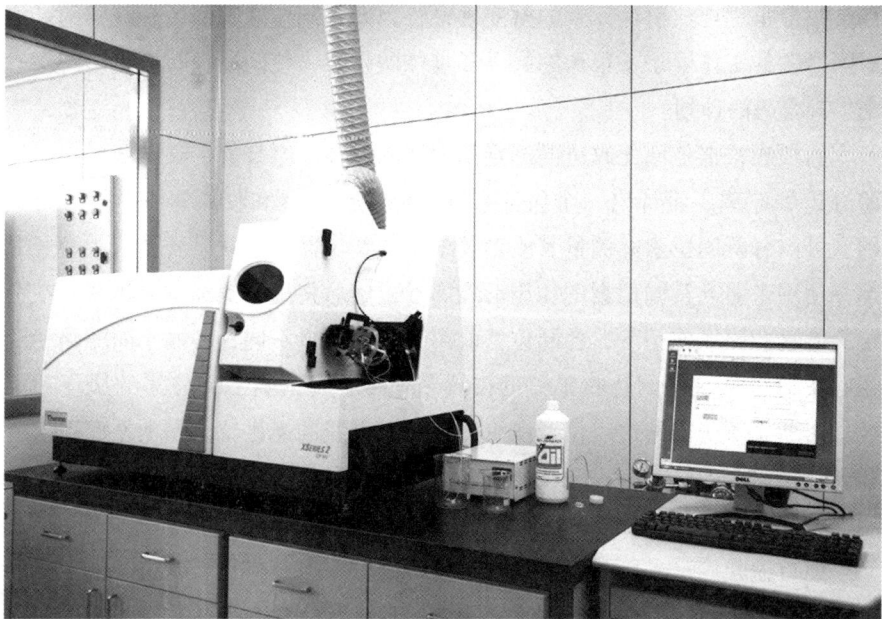

等离子质谱仪

劳特的假说。科学界当然不能接受克鲁克斯的观点。

门捷列夫的化学元素周期律大家认为可以信赖，但是在周期表中，钾和氩、钴和镍、碲和碘的排列位置不是按原子量的大小顺序，而是颠倒顺序排列的，这是为什么？直到20纪初，人们仍然不得其解。

阿斯顿运用质谱仪对众多元素所作的同位素研究，不仅指出几乎所有的元素都存在同位素，而且还证实自然界中的某元素实际上是该元素的几种同位素的混合体，因此该元素的原子量也是依据这些同位素在自然界占据不同比例而得到的平均原子量。例如氯元素，它一直被当作反驳普劳特假说的最好事例，其原子量为35．457，据测定自然界的氯有两种同位素：Cl35、Cl37。其丰度为Cl35：Cl37＝3：1，所谓丰度即同位素在自然界该元素中所占的百分比。所以氯的原子量既不是整数的35，也不是37，而是35．46。大多数元素的原子量为什么不是整数，原因就在这里。因此，阿斯顿道出了元素质量的整数法则。为什么元素质量存在整数法则，随着原子结构秘密被揭开，质子、中子等基本粒子被揭示，这个问题也就迎刃而解了。

阿斯顿对同位素及其丰度的测定，指出氩、钾都各有三种同位素，他们的丰度分别为：Ar36：Ar38：Ar40＝0．31：0．06：99．63，K39：K40：K41＝93．31：0.011：6．68，故它们的平均原子量分别为Ar＝39．948，K＝39；102。尽管氩的平均原子量比钾大，但是它的原子序数即原子的核电荷数确实比钾小，故门捷列夫的元素周期表是正确的。钴和镍、碲和碘的情况也是如此。所以阿斯顿的同位素研究又解决了一个悬案。

阿斯顿的工作立即获得了科学界的高度评价。卢瑟福在给几位科学家同行的信中说："阿斯顿利用他发明的质谱仪，发现了氖、氯、汞等元素的同位素。我看到有关的所有照片，结果似乎是肯定的。阿斯顿是一个好的实验家，很有技巧，因为他拼命工作了多年，理应获得这个成功。

阿斯顿有一句名言："要做更多的仪器，还要更多地测量。"这实际上是卡文迪许实验室的一个传统，这一传统要求科学工作者要学会自己动手去制作仪器，亲手去做实验，通过基本实验技巧的训练，才能成为一个优秀的科学家。这句名言也正是阿斯顿自己一生科研生涯的写照。在他荣获1922年的诺贝尔化学奖后，他仍然坚持工作在实验室，对质谱仪作进一步的改进和完善，从而使他后来又制成了三台质谱仪，其倍率达两千倍，精度达十万分之一。现在通过质谱仪，已测出地球上存在的同位素达489种，其中稳定同位素有264种，天然放射性同位素有225种。此外还发现人工放射性同位素达2000多种。建设这些知识的宝库当然有阿斯顿的一份重要的贡献。

阿斯顿不仅擅长实验，是一位杰出的实验家，而且兴趣广泛、知识渊博。为了调节他那长期呆在实验室的艰苦生活，他很喜欢旅行，还坚持参加体育运动，和他有精湛的实验技巧一样，他也是一个技术高超的摄影家，同时还是一个业余的音乐家。总之，他的生活远不象许多人想像的那样单调乏味。他还是一个善于筹集资金，精干经营的事业家。当今剑桥大学三一学院所积累的巨额资产中，就有当年阿斯顿所筹集的。

1945年11月20日，阿斯顿在剑桥大学因病逝世，终年68岁。他在科学事业上的杰出贡献使他获得不少荣誉，人们为了纪念他，特地把他制作和发明的许多仪器都妥善地保存下来，展示在伦敦博物馆和卡文迪许实验室博物馆内。

最伟大的生物实验

巴甫洛夫的实验与条件反射

俄国生理学家巴甫洛夫是一位专注于研究消化系统的实验生理学家，19世纪末的一天，在研究胃反射的时候，他注意到了一个奇怪的现象：没有喂食的时候，狗也会分泌胃液和唾液。例如，在正式喂食前，如果狗看见喂养者或者听见喂养者的声音，就会分泌唾液。巴甫洛夫认为，一定有什么原因来解释在没有食物的情况下狗也会分泌唾液这一现象。

一个最为明显的解释就是：狗"意识到"进餐时间快到了，正是这个念头刺激狗分泌唾液。然而，巴甫洛夫一直很反对心理学，因而也就不愿轻易地采用这种主观的猜想。

巴甫洛夫

巴甫洛夫以生理学家的眼光提出了自己的解释，他认为，这完全是个生理学现象：狗是由于看见或听见刺激——经常喂食的人而在大脑里面产生一种反射，这种反射引起了"精神性分泌"。但这些与唾液和胃液并没有直接关系的刺激，是在什么时候以什么方式引起分泌唾液的反应的呢？巴甫洛夫并不清楚。

于是，从1902年开始，他开始对这一现象进行实验研究，而他的整个后半生也就用来研究这个现象。

然而，听见喂食者的声音或看见喂食者的形象，这两种刺激很显然都与分泌唾液这种反射行为没有直接的联系，它们又是如何引起这一反射行为的呢？

为了研究这一问题，巴甫洛夫设计了这样的实验：在喂食之前先出现中性刺激——铃声，铃声结束以后，过几秒钟再向喂食桶中倒食，观察狗的反应。起初，铃声只会引起一般的反射——狗竖起耳朵来——但不会出现唾液反射。但是，经过几轮实验之后，仅仅出现铃声狗就会分泌唾液。巴甫洛夫把这种反射行为称为"条件反射"，把铃声称为分泌唾液这一反射行为的

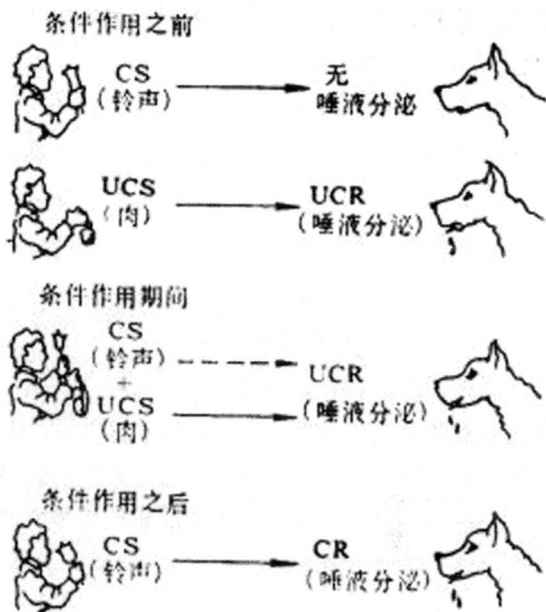

巴甫洛夫反射实验

"条件刺激"；而把食物一到狗的嘴里，唾液就开始溢出这种简单的不需要任何培训的纯生理反应称为"非条件反射"，将引起这种反应的刺激物——食物称为"非条件刺激"。

巴甫洛夫和他的助手们变换了各种形式来验证"条件反射"的存在。他们变换了中性刺激，在喂食前使灯光闪动，或者在狗可以看见的地方转动一个物体，或者某个可以碰触到狗的物体，或者拉动狗圈上的某个部位，总之，各种可以被狗感受到的中性刺激都试过了；他们甚至还尝试了改变中性刺激与喂食之间的间隔时间，结果都证明条件反射的确是存在的。

巴甫洛夫发现，并不是所有中性刺激都能引起反射行为，也不是在任何情况下、某种中性刺激都一定会引起反射行为。中性刺激要想引起反射行为，必须满足一定的条件，因而称为"条件刺激"（有条件的刺激）。

巴甫洛夫在研究中发现，中性刺激能否引起条件反射主要受以下因素影响：

（1）刺激呈现的顺序

只有中性刺激先于非条件刺激出现，中性刺激才能引起条件反射。也就

是说，铃声必须在喂食以前就出现，如果先喂食，再给铃声，训练多少次也是没有用的——铃声仍然是中性刺激，不会使狗一听见铃声就分泌唾液。

（2）中性刺激必须和非条件刺激相结合

如果只给铃声不喂食，那么，铃声永远都无法使狗分泌唾液；另外，即使经过训练，铃声已经成为了条件刺激，能够引起狗分泌唾液的反应了，如果这时候连续多次，狗就会"明白"这不过是骗人的把戏，就再也不会"相信"了，因而已经形成的条件反射就会消失。

（3）注意刺激之间的区别

巴甫洛夫发现，如果想要让狗能够"识别"某种特定的刺激，只对这一特定的刺激形成条件反射，就要注意区分这一刺激和其他刺激的区别。如果不加强化，狗会不加"辨别"地对所有类似刺激都形成条件反射。例如，如果狗已经形成了对灯光（功率为60W）的条件反射，那么，只要出现灯光，狗就会分泌唾液，但唾液分泌的多少是不一样的。

对于那些接近60W功率的灯泡（比如40W）发出的灯光，狗分泌的唾液较多；而那些与60W功率相差太远的灯泡（如15W、200W）发出的灯光，则分泌的唾液较少。这时候，如果进行强化训练，打开60W的灯泡时给喂食，而打开其他功率的灯泡则不给喂食，狗就会逐渐"明白"：原来灯光也是有区别的，并不是所有的灯光都"意味着"喂食。经过多次训练，狗就会区分这些不同刺激了，它们只对60W功率的灯泡发出的灯光分泌唾液，而对15W、200W的灯泡发出的光不再理睬。当然，狗的辨别能力是有限的，那些比较接近的刺激（如40W的灯泡发出的光），还是会引起条件反射，使它分泌唾液。

不仅动物的条件反射遵循这一规则，人类的条件反射也同样遵循这一规则，因此，我们才学会了区分不同的刺激，对不同刺激作出不同反应，知道"红灯停，绿灯行"。

从"非条件反射"到"条件反射"，巴甫洛夫经历了漫长而又艰苦的实验过程，这是消化生理过程中的一项重要发现，为人类在生理学方面的研究，作出了巨大的贡献。为此，在1904年，诺贝尔奖基金会该年度的生理学和医学奖金授予了巴甫洛夫教授，他是世界生理学家中第一个享有这种荣誉的科学家。

条件反射现象的发现，给我们以诸多的启示，在日常生活中，任何无关刺激只要多次与非条件刺激结合，都可能成为条件刺激而建立条件反射，因而条件反射数量无限。条件反射形成的基本条件是无关刺激与非条件刺激在时间上的结合，这个过程称为强化。条件反射建立后，如果只反复给予条件刺激，不再用非条件刺激强化，经过一段时间后，条件反射效应逐渐减弱，甚至消失，这称为条件反射的消退。初建立的条件反射还不巩固，容易消退。为使条件反射巩固下来，就需要不断地强化。人们的学习过程就是条件反射建立的过程，要想获得巩固的知识，就要不断地复习强化。

肺炎双球菌的转化实验与DNA

人们常说："种瓜得瓜，种豆得豆。"这是在讲生物的遗传特性。为什么孩子的长相像他的父母？为什么只有种"豆"才能得"豆"，他们是怎样一代代遗传的呢？这一直是科学家们艰苦探索的课题。

早在19世纪60年代，奥地利著名生物学家孟德尔，就发表了关于遗传的法则和遗传因子(现称为"基因")的论述。他通过著名的豌豆实验指出，控制豌豆各种异常形状的遗传物质是呈颗粒状、成对存在的因子。但遗憾的是，他的学说在当时并未引起人们的重视。直到孟德尔去世26年之后的20世纪初，人们才知道了生物的遗传规律，才重新

孟德尔

认识到孟德尔遗传学说的伟大和他对生命科学的巨大贡献。但真正揭示遗传奥秘，还是20世纪的事。

1928年，美国科学家格里菲斯用一种荚膜毒性强的肺炎球菌和一种毒性弱的肺炎双球菌在老鼠上做实验。发现无荚膜菌可以长出蛋白质的荚膜，变成了有荚膜的菌，而其中的核酸就是已被高温杀死的有荚膜的核酸。在加热中，有荚膜的核酸并没有被破坏。这一实验结果，引起了人们对核酸的高度重视。

1944年，加拿大的爱威瑞也完成了两种肺炎双球菌的转化实验，发现脱氧核糖核酸(DNA)才是真正遗传物质。同期的美国

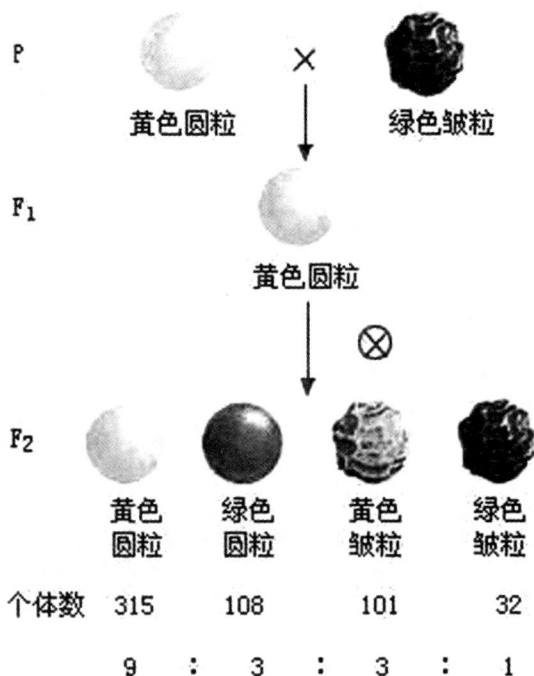

孟德尔豌豆实验

细菌学家艾弗里，也证明了有荚膜菌向无荚膜菌提供的就是遗传物质DNA。以后，人们又进一步做了许多实验，最能说明DNA是遗传物质的实验，是噬菌体侵染细菌的实验。

噬菌体是以细菌细胞为寄主的一种低等微生物。它外形有球形、棒形、扁盘形等多种，但其内部结构非常简单，只含DNA。

实验中的噬菌体病毒，外形像小蝌蚪，它的外部是蛋白质组成的头膜和尾鞘，头膜内含有DNA，尾鞘上有尾丝、基片和小钩。当这种噬菌体侵染细菌时先把尾部末端扎在细菌的细胞膜上，然后将噬菌体内的DNA全部注入到细菌细胞中，留在细菌外面的噬菌体外壳就没什么作用了。进入细菌细胞内部的噬菌体DNA，利用细菌细胞的营养物质，迅速复制噬菌的DNA，并在其外合成蛋白质，这样许多与原噬菌体大小形状一样的新的噬菌体便被复制出来。当细菌细胞解体后，这些噬菌体被释放出来，再去侵染其他的细菌细

胞。这个实验充分证实了，噬菌体的遗传繁殖是通过它体内DNA进行的，证明了DNA是生物的遗传物质。

沃森的实验与DNA双螺旋模型

美国分子生物学家沃森，1956年在哈佛大学生物系任教，并在那里创建了一个实验室。1968年，他转到冷泉港实验室担任指导工作，继续从事生物学前沿领域的研究。沃森与学物理出身的生物学家克里克合作，提出了名闻遐迩的DNA双螺旋模型结构。这一成果于1953年发表。在科学史上，通常将这一年看作分子生物学诞生的年份。由于这一工作，沃森与克里克以及另一名物理学家威尔金斯一起，荣获1962年度的诺贝尔生理学和医学奖。

沃森在16岁时入芝加哥大学学习，他学的是动物学中的鸟类学专业。应该说，这是经典生物学中的一门分支学科。后来，沃森进入印第安纳大学读研究生，他的导师是当时著名的遗传学家卢里亚。卢里亚曾以一个实验漂亮地证实了细菌的突变是自发的，与环境诱导无关，从而荣获了诺贝尔生理学或医学奖。沃森在导师的引导下，开始步入遗传学领域。

鉴于卢里亚本人并不精通生物化学，他的研究生沃森就被派往欧洲的哥本哈根大学，与生化学家卡尔喀进行合作研究。然而，沃森的兴趣不在核苷酸代谢而在基因的结构上。他有一种预感，后者将是一项能摘取诺贝尔奖桂冠的事业。

20世纪中期，正是遗传学进展如火如荼的年代。由于摩尔根等人的工作，染色体已被确定为是基因的载体。不过有一个问题正处于争论之中，这就是染色体的化学成分有蛋白质和DNA两种，那么这两者中究竟是谁来承担基因的载体这一角色的呢？一派观点认为，DNA应是基因的载体，因为早在40年代，美国微生物学家艾弗里就通过细菌的转化实验证明了起转化作用的遗传物质是DNA。另一派观点则认为，蛋白质才是基因的载体，因为蛋白质含有20种氨基酸，而DNA才含有4种核苷酸，显然前者的变化机会要远远超

沃森和克里克

过后者，这正符合基因的多样性。不少权威的生物学家都持后一种观点，这就导致他们在基因问题上一开始就误入了歧途。

沃森坚信，基因的载体一定是DNA。所以，他醉心于揭示DNA的三维结构。解答这个问题必须通过X射线衍射方法。那么，什么地方才能学到这一最新技术呢？沃森选择了英国剑桥大学卡文迪许实验室。幸运的是，这一想法不久便如愿以偿了。沃森从此踏进DNA研究领域的门槛。

由此可见，正确的选题是成功的一半。事实证明，沃森慧眼识途，一下子就抓住了问题的关键。

在卡文迪许实验室，沃森如鱼得水，因为在这里他遇到了一位难得的知音——克里克。克里克在战前是学物理的，第二次世界大战以后，他转向生物学研究，此时正在剑桥大学攻读博士学位。克里克对生物学所知甚少，而沃森对物理学是个门外汉。两种类型知识的互补，使他们成为科学史上的最佳搭档。

于是，他俩凭着"初生牛犊不怕虎"的勇气，开始攻克这一富有魅力的课题。当时，伦敦金氏学院的女物理学家富兰克林，凭借其精湛的X射线衍射技术，获得了不少DNA的图像；富兰克林的同事魏尔金斯也在这一方面做了大量工作。近水楼台先得月，这些图片直接为沃森和克里克提供了具有权威性的最新资料。

1952年5月，美国著名化学家查伽夫访问剑桥，并带来了他的最新发现，即在DNA中4种核苷酸的数量和相对比例在不同物种中很不相同。但是，其中腺嘌呤的量始终等于胸腺嘧啶的量，鸟嘌呤的量始终等于胞嘧啶的量。这是一条重要的线索，在双螺旋模型的建立中起了关键性的作用。

在建立模型的过程中，沃森和克里克遇到了不少挫折。一开始，他们假定模型是由三股链缠绕而成的，因为图片分析似乎提供了这一信息。

后来的事实则表明，这是一个错误的判断，因为它无法与已知的数据相吻合。这时作为生物学家的沃森，脑子里闪过了一个重要的灵感：在生物界中，成双配对是一个重要的现象，既然如此，生物体的微观构造也应体现出这一特征，

DNA分子双螺旋结构模型

这就促成了双链模型的提出。如果DNA果真是由双链组成的，紧接着就会有一个碱基配对问题。最初沃森提出了一个同类碱基配对的设想，亦即嘌呤与嘌呤配对，嘧啶与嘧啶配对。然而，这一方案仅存在了12个小时，结构化学家多诺一针见血地指出了其不合理性，因为它不符合结构化学的原理。多诺提醒，按照碱基的生物学天然构型，腺嘌呤只能与胸腺嘧啶，鸟嘌呤只能与胞嘧啶紧密结合。这些配对碱基之间的结合力是由氢键提供的。这一原理也恰好与查伽夫的上述发现相吻合。沃森和克里克猛然悟出了其中所蕴含的深刻意义：DNA的双螺旋模型就是由这样的互补碱基配对而成的，双环结构的碱基嘌呤总是和单环结构的碱基嘧啶相配对，所以两股链的走向刚好是相反的。

沃森和克里克最终揭示了DNA分子的立体模型犹如一条扭曲的梯状长链，每对互补的碱基构成阶梯，糖和磷酸则构成两侧的扶手。在实际的生命体中，两条链是柔软的，自然地取氢键螺旋形态。这是分子最松弛的天然状态，每个部分都处于能量上最适宜的状态，就在这上面携带着生命的信息。

这一模型的迷人之处还在于它自然地蕴含了基因复制的机理：在DNA双链中，每一个碱基通过与另外一个互补碱基的配对，DNA链就精确地复制了自身。而且，由于氢键是一个弱键，原来的DNA双链就很容易从中间断开，

一分为二。这正是基因复制的奥秘，也是遗传的奥秘！

在DNA双螺旋模型的创立过程中，生物学的直觉是极为关键的，沃森恰恰具备了这一点。就以螺旋形的构造来说，沃森凭直觉就断定生物体偏爱螺旋形，就在我们人类身上也能找到不少这方面的实例，如头顶上的发旋等。这种特性当然应该在生物体的微观构造上得到反映。对于沃森来说，突破三链假象，提出双链构造，也得益于他那良好的生物学直觉："我认为在生物界频繁出现的配对现象，预示着我们应该制作双链模型。"与此同时，克里克贡献了大量数学和物理学方面的知识，这方面的优势正是沃森所望尘莫及的。现代生物学离不开数、理、化知识的铺垫，但是，若缺乏敏锐的生物学视角，物理学家就将无用武之地。只有两者的珠联璧合，才能结出丰硕之果，DNA双螺旋模型的诞生就是最好的例证。

新的杂交物种实验与细胞工程

所谓细胞工程，是指应用现代细胞生物学、发育生物学、遗传学和分子生物学的理论与方法，按照人们的需要和设计，在细胞水平上的遗传操作，重组细胞的结构和内含物，以改变生物的结构和功能，即通过细胞融合、核质移植、染色体或基因移植以及组织和细胞培养等方法，快速繁殖和培养出人们所需要的新物种的生物工程技术。

它不需要经过分离、提纯、剪切、拼接等基因操作，只需将细胞的遗传物质直接转移到受体细胞中，大大提高了基因转移的效率。它不仅为植物与植物之间，动物与动物之间、微生物与微生物之间进行远源杂交提供了可能，而且为动物、植物、微生物之间实现细胞融合，形成新的杂交物种，开辟了基因重组的新途径。

早在19世纪后期，植物学家们就开始了将植物的离体组织或器官进行培养实验。20世纪初，各种生长素、细胞分裂素和培养基的相继发现，促进了组织培养技术的发展。法国科学家莫瑞尔等人，用植物顶端分生组织进行培养实验，最早获得了无毒马铃薯、兰花、菊花等。组织培养改变了单纯依靠扦插、嫁接等传统的无性繁殖工艺，开辟了简单快速繁殖植物新品种的新途径，这些已被专家们纳入第二次"绿色革命"的新技术行列。目前，许多珍贵蔬菜、花卉、药用植物和名贵树木，已开始应用组织培养的方法进行批量生产。

1964年，印度科学家开始了花药培养实验，他们用曼陀罗的花药成功地培养出了单倍体的植株。单倍体可用秋水仙碱处理，得到纯种的二倍体，而且基因和表现型一致，是植物遗传育种的好材料，受到各国科学家们的普遍重视。目前，用花药培养的方法，获得了再生植株的植物已达二百多种。我国利用这一技术培养农作物新品种的研究已达世界先进行列。特别是在禾本科粮食上，我国已培养出水稻品种15个，小麦品种6个，并已成功地获得了玉米的花培纯系。

20世纪50年代，培养单倍体植物细胞的技术发展起来。20世纪60年代，有多个单细胞培养成完整植株成功的例子，大大促进了细胞工程的发展。

1970年，美国科学家哈尔森在实验中，首次从单倍体烟草悬浮培养细胞中，分离出了突变体，推动了在高等植物细胞培养中筛选所需遗传突变体，快速培养优良品种的重要阶段，引起了各国科学家的重视。目前，已培养出许多高等植物的突变体，如抗寒性的、抗盐性的、抗除草剂性的、抗金属离子的等多种抗性突变体，还有色素突变体、碳源利用突变体、温度敏感突变体，等等。

1975年，美国科学家米尔斯坦和科勒，通过实验首次成功地研制出了单倍抗体，开辟了细胞融合技术的新篇章。其实，"克隆"是从英文"Clone"音译而来，原意是"无性系"或"无性繁殖系"。单克隆抗体技术，又称细胞杂交瘤技术，属细胞水平的细胞工程。这项技术利用细胞融合的方法，将肿瘤细胞与淋巴细胞融合成杂交瘤细胞。这种杂交瘤细胞能活跃生长，又能不断分泌特异性抗体，具有两种亲代细胞的特性。这种杂交瘤细胞生产抗体时，一种杂交瘤细胞只能生产具有一种特异性的抗体，所以，称之为"单克隆抗体"。这项技术在人类疾病的诊治和动植物病毒病、细菌病和支原体病的诊断上，被广泛应用。

1975年，美国的哈森等人，在实验中成功地将野生的绿色烟草和郎氏烟草的原生质体融合在一起，并培养出新烟草植株，这种新烟草具有两种野生烟草亲本的特性。由于这种体细胞杂交不是由性细胞配子的融合而实现的，因此称为"无性杂交"，由此产生的杂交细胞称为"超性杂种"。

原生质体融合技术的发展，大大加快了植物体细胞杂交的过程。目前，美国、英国、日本、法国、德国、瑞士、瑞典、澳大利亚、印度、匈牙利和中国都在这项技术上进行了广泛地实验研究。这项技术已成为当今世界最有前途的发展领域之一。仅20世纪80年代中期，就有10个属，30多个种的植物，通过原生质体融合，实现了种内、种间甚至属间的杂交，并培育出了再生植株。目前，我国通过该项技术，已获得了80多个组合体细胞杂交的"超性杂种"植物。

细胞物质的转移，是亚细胞水平上的细胞工程。早在20世纪50年代，我国世界知名的科学家童第周教授，就开始了核质(细胞核和细胞质)转移的实验研究。20世纪70年代，他与美国牛满江教授合作，将鲫鱼卵细胞质中的核酸，注射到金鱼的受精卵中，获得了既有金鱼性状又有鲫鱼性状的子代。当时，他们的细胞工程研究，已居世界先进行列。

1982年，美国科学家把大鼠的生长素基因，注射到小鼠的受精卵中，培育出"超级小鼠"。这种小鼠生长快，体重相当于原种小鼠的两倍，并且能把新性状遗传给下一代。

1983年，英国剑桥大学的科研人员，成功地完成将山羊和绵羊杂交，获得了一种"山绵羊"。它头上长有山羊角，身体长得像绵羊。

细胞工程的发展，已使人们获得了诸如"大豆烟草""芹菜胡萝卜""山绵羊"之类的新型动植物。科学家们仍以极大的兴趣和热情继续着各种实验。他们信心百倍，希望能培育出各种人们所需要的"超级植物"和"超级动物"。

如今，合成生物学的发展，采用计算机辅助设计、DNA或基因合成技术，人工设计细胞的信号传导与基因表达调控网络，乃至整个基因组与细胞的人工设计与合成，从而刷新了基因工程与细胞工程技术，并将带来生物计算机、细胞制药厂、生物炼制石油等技术与产业革命。

摩尔根的实验与遗传基因

美国遗传学家摩尔根建立了完整的基因遗传理论体系，发现了基因的连锁规律，解开了生物变异之谜，弥补了达尔文进化论的不足，为人们杂交育种指明了方向，也为预防遗传病提供了理论依据。他因此荣获了1933年的诺贝尔生理学或医学奖。他一生著述甚丰，其代表作有《果蝇遗传学》（与人合作）被称为遗传学家的《圣经》。

1880年，摩尔根进入肯塔基州立学院的预科学习。对于摩尔根来说，学校全部课程中他最感兴趣的是连续4年的博物学课程。从此以后，摩尔根与生物学结下了不解之缘。进入霍普金斯大学以后，摩尔根如鱼得

摩尔根

水，因为当时除哈佛大学之外，美国的学院几乎都没有生物学课目，而霍普金斯大学却拥有较强的生物学研究实力。在这里，摩尔根受到了系统的生理学和形态学训练。尤为重要的是，他还受到了一种严格的科学思维的训练，这就是对于实验事实的极度忠诚和执著。前人的学说不管多么有权威，一个研究者首先必须从怀疑其神圣性开始，通过自己的实验去验证或否认前人的观点。除非是通过实验所得到的结论，一个研究者不应构筑任何思辨性的假说，摩尔根从心底里接受了这种研究精神，并使之贯穿于他的整个科研生涯之中。

刚刚步入研究领域时，摩尔根醉心的是胚胎学和进化论，他希望从胚胎学中得到解开进化之谜的钥匙。当时有两大阐述进化原因的理论，一个是达尔文的自然选择理论；一个是拉马克的获得性遗传理论。应该如何来评价这

两个理论呢？摩尔根希望立足于实验事实来作出判断。

1908年，摩尔根让研究生佩恩在暗室里饲养果蝇，想弄清楚在没有光线刺激的情况下，果蝇的眼睛是否会因不用而退化并产生瞎眼的后代。

在佩恩的实验中，连续69代的果蝇未见阳光。当第69代的果蝇羽化时，实验人员故意闪了一下耀眼的亮光，然而这些果蝇还是朝着亮光飞过去，可见什么也没发生。一位同事前来拜访，摩尔根指着实验室内一排排的果蝇饲养瓶说道："两年的研究白费了。两年来我们一直饲养着果蝇，可是一无所获。"

1910年5月，摩尔根实验室一群红眼睛果蝇中，产生了一只白眼睛的果蝇！显然这是一种突变型果蝇。摩尔根立刻将它同正常的红眼睛果蝇交配，子一代全部是红眼睛果蝇；子一代再进行相互交配，结果子二代中红眼睛果蝇3470只，白眼睛果蝇782只，与孟德尔的3：1分离定律完全一致。这表明白眼睛是隐性，红眼睛是显性。但是，有一个情况引起了摩尔根的注意，这就是白眼睛总是出现在雄蝇身上，亦即突变性状与性别有关。这又是为什么呢？

恰好当时的细胞学研究已经证实，性别与性染色体有关。在许多动物中（果蝇也是如此），雄性为XY，雌性为XX。显而易见，假设白眼睛性状位于X染色体上，情况就一清二楚了。这是因为在雄性中只有一条X染色体，所以隐性性状得以表达；而在雌性中，两条X染色体的存在，致使隐性性状被掩盖了，所以雌性不表现出突变性状。后来知道，这就是伴性遗传，人类中的血友病和色盲都是以此方式遗传的。所以，女性很少得这类疾病。

伴性遗传的发现在经典遗传学史上是一件大事。它的意义在于首次将某一个性状（如白眼睛）定位于某一特定染色体（如X染色体）上，从而表明孟德尔的遗传因子（基因）确实有着坚实的物理基础。

如果说基因的载体就是染色体，由于染色体的数目比较少，而个体的性状却非常多，结果在同一条染色体上非得包含许多性状不可。这些性状会同时遗传给后代，这就违背了孟德尔的自由组合定律。现在的问题在于，我们是否能发现某些性状会同时在后代中出现呢？

摩尔根就此跟踪追击，他又发现了许多新的突变性状，并且发现某些突变性状确实在后代中会同时出现，比如白眼睛、红眼睛、小型翅就常常会同时出现。这就是连锁。在果蝇中已发现的几十个突变中，可分为4个连锁群，与果蝇的4条染色体正相符合。现在我们就能理解孟德尔的运气好到什么程度，他所选取的7对性状恰好分别位于豌豆仅有的7条染色体上，以至没有连锁现象来干扰他得出自由组合定律。

但是，仍有一个现象使摩尔根迷惑不解。这就是，虽然从连锁现象中推断白眼睛和小型翅同位于X染色体上，但这两个性状有时又可分别遗传。

这是怎么回事呢？细胞学已经揭示，在减数分裂时同源染色体之间会发生交换。于是摩尔根联想到，位于交换处两端的基因就有可能分开，从而打破连锁，这就是重组。对重组现象的解释使摩尔根的思路又发生了一次新的飞跃。他马上作出推论：若同条染色体上的两个基因位置离得越远，中间发生交换的可能性就越大，亦即重组率也越高；反之亦然。

于是，从重组率的高低就可推断出基因间的距离。这是一个了不起的想法。根据这一设想，摩尔根研究小组做出了第一张果蝇染色体图，上面标示着当时已发现的基因位置。

根据同一思路，现在科学家正在做人类染色体图。这是一个比"阿波罗登月计划"更为宏伟的规划，它将导致一场医学上的革命。在农业上，中国科学家已做出了水稻的染色体图，这对粮食的高产和稳产将带来不可估量的影响。

如果说孟德尔揭开了经典遗传学的帷幕的话，那么摩尔根则使这出戏剧达到了高潮。而戏剧成功的关键在于摩尔根牢牢地立足于实验事实之上，他的科研风格是绝不超越事实。因为他坚定地相信："真理的唯一源泉是实验。……能够把新东西教给你的只是实验，能够把确实的东西给予你的也是实验。"与摩尔根同时代的一位遗传学家贝特森，本是孟德尔理论最早的热心支持者。但是，他却坚信遗传因子是一种抽象的符号，而不可能是一种物理的实在，所以无法接受染色体是基因载体的思想。另一位遗传学家戈德尔施密特，坚持从思辨的角度出发，认为染色体上的基因组是一个复杂的整体存在，基因绝不会如摩尔根所揭示的那样单独地起作用。这当然是一个有意义的设想，但他却从未诉诸于实验事实的支持。由于前提、方法的不当，他们都成了失败者，最后的成功属于摩尔根。这是因为摩尔根坚持让事实来说话，而不是迷信于前辈的权威性结论，或者依赖于抽象的思辨。然而，这种对理论思辨不屑一顾的态度，也给摩尔根造成了某种负面效应。这就是他从未关注过基因理论中的"调节"模式，更未设想过基因组可能是一个动态的复杂体系，而这些工作恰恰被另一位遗传学家麦克林托克完成了。

由此可见，任何一种方法，如果把它推向极端，就会产生"物极必反"的不良后果。"成也萧何，败也萧何"，这就是摩尔根的成功与失误带给我们的启示。

科恩的实验与基因工程

基因工程是20世纪70年代创立的一种定向改造生物的新兴科学。它是指在分子水平上，在生物体外，用人工方法将甲种生物的遗传物质"剪切"，与乙种生物的遗传物质拼接，重新组成一体，实现对生物基因的改造和重新组合，产生出人类需要的基因产物。

1973年，美国科学家科恩等人，在实验中首次将两种不同的DNA分子进行体外重组，并在大肠杆菌中实现了表达，宣告了遗传物质的诞生。从此，"基因工程"等现代生物技术蓬勃发展。

基因工程的"工序"繁杂，主要包括以下步骤：

第一步，制备需要的基因，即目的基因。目的基因是人们所需要的某些DNA分子片段，它含有一种或多种遗传信息的整套遗传密码。目前常用的制备目的基因的方法有：弹枪法、分子杂交法、超速离心法、噬菌体摄取法、反录酶法、人工合成法。取得目的基因后，可采用聚合酶反应(PCR)技术，使目的基因片段成千上万倍的扩增。

第二步，体外重组DNA。选择目的基因所适合的基因运载工具，又称基因载体，用限制性内切酶在特定的切点，把载体DNA分子切开，再用DNA连接酶把目的基因与载体DNA在切断处连接起来，形成一个完整的DNA"杂合子"。

第三步，基因转移。即将重组的DNA杂合子，向选定的生物受体细胞中转移，让重组DNA杂合子在受体细胞中复制、转录、翻译，实现表达。

第四步，筛选。一般引入受体的杂合子，常常只有极少部分能实现复制和表达，必须再进行细致的筛选工作，把已经转化了的和没有转化的细胞区分开来。已经转化了的受体细胞的DNA分子中含有目的基因，能够实现我们改造生物的目的。

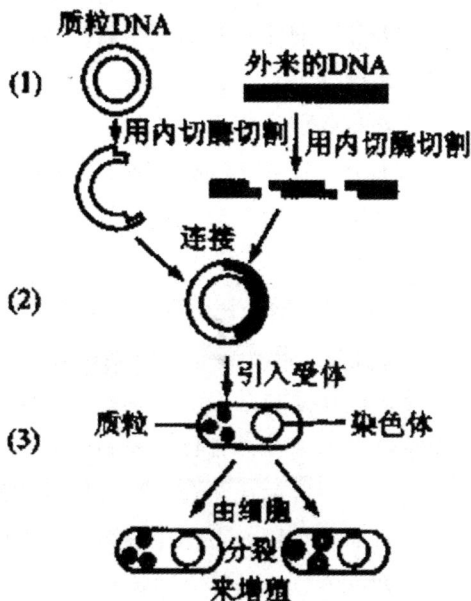

基因工程操作过程的模式图

事实上，基因工程的每一步都是非常复杂而烦琐的。DNA是十分复杂的生物高分子，正常情况下，自身扭盘成复杂的立体结构，而且经常发生变化，要想分析破译其碱基密码，进行定向剪切、重组是十分困难的。直到1970年，科学家们发现了限制性核酸内切酶之后，才使这项工作发展起来。

限制性内切酶，是从原核生物中发现的一种专一性内切酶，它可以在DNA分子的特定位置"切割"开。目前，已发现四百多种限制性内切酶。限制性内切酶的发现，对基因工程的实施和DNA排列顺序的分析研究具有重要意义。

20世纪80年代中期，日本开始用核酸内切酶和超声波，进行DNA分子的切割实验，可以将DNA分子链，切割成只含600～700个核苷酸对的小片段。80年代后期，日本又发明了精密化学分析机械人，可以利用计算机来控制DNA分子分析中从化学段列到分离干燥，大约200个工序的自动化操作。1991年，美国橡树岭国立实验室研究人员介绍了一种叫GRAIL的人工智能设备，在分析500万个DNA的基质后，能很快测定出90%的核苷酸顺序。1992年，日本理化研究所首次成功应用破译遗传信息的自动分析系统。这个系统能够自动重复运转，对所谓的"选择""伸长反应""确定排列"三种主要程序作出综合分析，每天可以自动测定出10万个碱基对。在这套系统中装置着三台不间断工作的电池装置，每台每天能破译3.6万个碱基对。科学家认为，这一自动分析系统的研制成功，将会有力地推动生命信息的深入研究。

除了核酸内切酶外，还需要用于"缝合"用的连接酶，以及转移酶、逆转录酶、聚合酶、核酸激酶、核酸外切酶，等等。

另外，选择运载基因的工具——载体也是非常不易的。因为理想的载体必须符合以下条件：有自我复制能力；大小适当，能从外部进入细胞；安全可靠；有遗传标记和选择性的信号标记等。通常选用的载体有三类。第一类，是细菌质粒。它存在于细菌细胞中，是染色体外的环状DNA，也叫"核外染色体"，是具有遗传特性的物质。例如，在土壤农杆菌中存在着一种环状DNA，叫Ti质粒，它能携带重组的基因稳定地整合到受体细胞的细胞核基因组中去，并进行复制、转录和表达。Ti质料是目前高等植物基因工程中常用到的基因载体。第二类，是噬菌体和病毒。如N—噬菌体和SV40等，在微生物和哺乳动物体细胞的基因工程中，被作为基因载体广泛应用。在植物病毒中，除了利用自然无毒的病毒品系外，对其他绝大多数的病毒都必须进行若干修饰和改造，减弱或消除其致病性。第三类载体，是转座子和人造粘接体。

只有在人们掌握了基因工程的各种"工具"和各个操作步骤后，才能达到定向改造生物物种的目的。

目前，中国科学家已用基因工程的方法，把抗棉铃虫的基因植入棉花中，培育出不生棉铃虫的"抗虫棉"，走在了世界的前列。相信在不久的将来，人类一定有能力实现自己的梦想。

隐生生物的实验与海藻糖

当你看《动物世界》电视片时，或许会看到这样的一幕：池塘里的水即将干涸时，有些鱼就会钻到泥浆里，待池水完全干了时，鱼则在泥里昏睡起来，像是冬眠的动物一样。当池塘再次灌进了水后，鱼从泥里钻出来，又继续生活。

似乎也有这样的现象，特别是沙漠里的植物，当干旱来临时，它们则会失去水分，处于一种"失活"状态。当一场雨来临后，满地的植物立刻活起来，它们趁着这短暂的大好时光，开花结果，生儿育女，繁衍后代。

自然界中确实存在着这样一类生物，我们把这类脱水的动植物称为隐生生命的生物，简称隐生生物。这类生物在极端干旱的条件下，能将体内99%的水脱去而不死亡。它以极低或停止的新陈代谢形式处于一种保存状态，当环境允许时，再水化而立即复活。

隐生生物现象广泛存在于动植物界。目前，对这种隐生现象的分子结构尚不太清楚，但是科学家

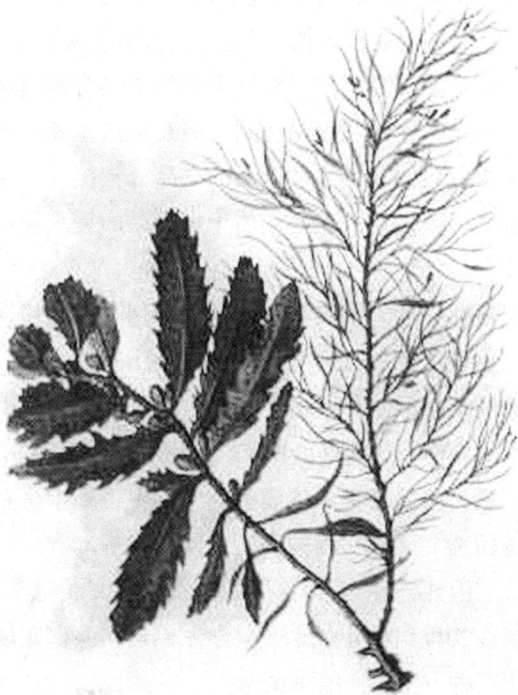

海藻糖

们通过实验研究已经可以肯定：这类生物在干旱时，其组织中的海藻糖含量很高，有的竟高达细胞干重的35%。这表明海藻糖可能与隐生现象有着密切的关系。

那么，什么是海藻糖呢？

其实，海藻糖是一种简单的化合物，由两个葡萄糖分子通过半缩醛羟基结合，而形成的一种非还原性多糖。在自然界中存在的海藻糖是白色晶体，具有弱的甜味。

科学家们在实验中发现，在干燥时，海藻糖起着保护生命组织和生命物质不受破坏的作用。由于海藻糖有如此重要的意义，20世纪80年代以来，不少科学家对它进行了深入的研究与探讨。

实验的结果表明，海藻糖在食品中具有极好的应用前景。因为海藻塘具有稳定的化学结构以及抗干燥的作用，化学性质非常稳定，不会发生糖与氨基酸作用而发生的褐变反应(食品学中的术语叫羰氨反应，或美拉德反应)，应用于食品加工能改进加工工艺，加工出更好的食品。

通常，在高于环境温度下加热干燥含蛋白质高的食品时，要保持原有的营养和风味，往往很难达到。但在加热干燥以前，加入少量的海藻糖，可以防止蛋白质的变性，冲调后的产品非常接近于原来的物料。而且加入海藻糖还有另一个优点，就是能使干燥产品的复水速度大大增加，分散能力有很大的改善。

目前，加入海藻糖生产的甜味剂、果汁粉饮料、全脂奶粉、鸡蛋粉等，产品质量大大提高。无海藻糖的全脂奶粉冲调后不能形成"奶皮"，而有海藻糖的奶粉不但有了奶皮，而且具有了鲜奶的感官性状。

海藻糖有这么好的作用，从哪儿能得到呢？

最初海藻糖是从沙漠中的一种甲虫蛹中得到的，后来发现它广泛存在于低等植物、藻类、细菌、昆虫及无脊椎动物中。但从这些生物中提取，代价太高。因此，科学家们试图用生物工程的方法生产海藻糖。

在20世纪80年代末，科学家们的实验研究取得了突破性进展，先后得到了用三种方法生产的海藻糖。

大肠杆菌是1885年由德国科学家发现的普遍存在于粪便中的一种细菌。在这以后的一个多世纪以来，人们对它的了解比任何生物都多，甚至超出了人类对自身的了解。因此，大肠杆菌被广泛用作生命科学研究的材料。在大肠杆菌中，海藻糖由两种酶合成，编码这两种酶的基因分别为OtsA和OtsB，将这两种基因进行克隆，转入生产用的大肠杆菌菌株，在高渗透压胁迫的条件下，发酵生产出了第一批海藻糖。

通过酵母菌培养生产海藻糖。首先通过诱变、细胞融合或基因重组选育海藻糖含量高的菌株。然后采用高浓度的培养基，以及高渗透发酵环境进行发酵，并在发酵结束前让酵母"饥饿"两三小时，这样就可以得到海藻糖含量较高的培养物。然后从中提取海藻糖。

利用酶技术也可以成功地将麦芽糖转化成海藻糖。在这个转化过程中，需要麦芽糖酶和麦芽糖磷酸化酶。但由于磷酸化酶促反应体系是可逆反应，海藻糖产量较低，而且要保持该反应体系的稳定和顺利、延续酶促反应都比较困难。所以，方法还有待于深入研究，才能在生产上推广使用。

由隐生生物的实验研究，导致了海藻糖的发现。目前，海藻糖已能成功的生产。这使我们想到，若适当地应用海藻糖，其他的生物能否变成"隐生生物"呢？若是成功的话。人类进入太空或者度过极端环境，就会成为可能。

"摇摆舞"引起的实验与机器蜂

德国人卡尔·冯·弗里奇通过艰苦地、长期地观察，在1921年发现，蜜蜂是用表演一种"摇摆舞"的方式，在蜜蜂之间传递信息的。它们跳舞摇摆的次数、舞蹈动作的程度和方向等不同，就能表示所发现的食物的地点和质量等。

这一发现是非常有意义的。弗里奇因这一发现而获得了诺贝尔奖。

于是人们就幻想，制造一种机器蜂，让它跳"摇摆舞"，以便把大群的蜜蜂引到需要授粉的果园或农田中去，帮助授粉。

有不少人制造出机器蜂，形状也像蜜蜂，让机器蜂模仿蜜蜂跳六步舞。

但是都没成功，不但没有把蜜蜂引到应去的地方，反而引起大群蜜蜂的攻击。被惹怒了的蜜蜂在机器蜂身上留下了很多的蜂螫。

后来，丹麦欧登基大学有一位生物声学家克塞尔·米切尔森，还有德国维茨伯格大学的昆虫学家马丁·林道尔，他们联合领导一个研究小组进行实验研究机器蜂。这个小组成功地制造出一只由电脑控制的机器蜂。

机器蜂

这只机器蜂是由电脑程序控制的。当研究人员编一个程序，表示"在西方1000米的地方发现了食物"，让机器蜂按这个程序跳一遍舞蹈。结果呢，蜂群准确地飞到了这个地点。再改变一个程序，也就是再改变一个方向和距离，再让机器蜂跳一个舞蹈，群蜂又准确地飞到了指定地点。这也就是说，这个机器蜂所跳的舞蹈，蜜蜂能"看"懂了。他们在制造机器蜂上，取得了巨大的成功。

为什么他们会获得成功呢？因为他们是"踩"在别人的肩膀上，达到了成功的高峰。过去许多专家制造的机器蜂，舞蹈跳得很"逼真"，但总不能引起蜜蜂反应，有的还遭受攻击，为什么呢？1989年，库茨敦大学的威廉·弗·汤，还有乌拉柏格大学的沃尔夫冈·赫·柯奇纳，他们做了很多实验，证明了蜜蜂能够"听到"进行舞蹈的蜜蜂发出的声音。

科学实验证明，以前人们认为蜜蜂是聋子是不对的。科学家用一些袖珍麦克风探测器录下了蜜蜂跳舞时翅膀周围空气振动的声音。声音很微弱。可是放大后，就像鸽子起飞时拍打翅膀的声音。其他蜜蜂似乎是用触觉感受声音的。

在柯奇纳和汤的这个实验基础上，林道尔和米切尔森才成功地制造一种新的机器蜂。这种新型机器蜂个头比一只中等个头的蜜蜂稍大一点。它被固定在一根连杆上，连杆是由电脑发出指令控制驱动装置，使连杆动作的。机器蜂的翅膀是用不锈钢材料制造的，很薄。它的背部装有一个剃须刀片，刀片每秒钟振动280次。这样的振动，接近于真正蜜蜂"跳舞"时翅膀振动的频率。于是，机器蜂在跳舞时，就能发出正确的声音了。

蜜蜂在一蜂房内居住，对外来入侵者会发起攻击。为了使机器蜂不被攻击，事先要在它身上涂上蜡，并在实验的蜂房内放上一夜，使它吸附上这个蜂房特有的气味。另外，跳舞的蜜蜂要引导其他蜜蜂飞向找到食品的地方去，还必须提供已找到食物的样品。为了使机器蜂能向其他蜜蜂提供食物的样品，科学家用一根导管，将有薄荷味的蜜水滴在机器蜂的头上。

电脑发出指令，经过电动马达及连杆，使机器蜂跳出"8"字形的图案，而且翅膀振动，发出声音。这样，就成功地把蜂群引到指定地点了。

真正的蜜蜂是用太阳作参考，确定飞行方向的。所以，电脑每隔10分钟还要调节一次机器蜂的方向，保证它和太阳变化协调起来。

现在，人类制造的机器蜂能把蜂群引到两千米以外的地方去。但是，机器蜂比真正的蜜蜂还有差距。他们实验的结果是：当一只真正的蜜蜂跳舞，发出指令后，有200～300只蜜蜂接受指令，到达预计的位置。同样的条件，用机器蜂跳舞发出指令，大约有20～100只蜜蜂接受指令后到达预定地点。

米切尔森说："真正的蜜蜂比机器蜂指引的方向信息更精确些，这说明蜜蜂的舞蹈中，还有一些元素我们至今尚未发现。"

但是机器蜂的发明，已经展示出了非常广阔的应用前景。比如可以用来发现森林火灾，在灾难中搜寻废墟中的幸存者；在太空探索中，机器蜂可代替航天员，在各种复杂条件下完成拍照、摄影、取样等工作；甚至它可以扮作超级"007"，帮助军方完成侦察或间谍任务。

众多科学家的实验与维生素

维生素是人和动物为维持正常的生理功能而必须从食物中获得的一类微量有机物质，在人体生长、代谢、发育过程中发挥着重要的作用。维生素在体内的含量很少，但不可或缺。如果长期缺乏某种维生素，就会引起生理机能障碍而发生某种疾病。那么，维生素是怎样被发现的呢？

1897年，艾克曼在爪哇发现只吃精磨的白米就会患脚气病，未经碾磨的糙米能治疗这种病。并发现可治脚气病的物质能用水或酒精提取，当时称这种物质为"水溶性B"。

20世纪初，在许多国家，科学家们各自独立地探索寻找微量元素的途径。他们大胆设想、实验并得到这样一个发现：在极微量的某些生存所需的要素前，人和动物有相同的需要，而用提纯的食物配料组成的饮食不能够维持实验动物的生命。于是，一种生物学方法诞生了，利用实验动物进行控制饲养实验，来探索微量元素。

1907年，挪威奥斯陆的两名科学家以豚鼠为实验材料，他们只以谷物为食，结果豚鼠都得了类似人类的坏血病。其他科学家也不断有了相同的发现，到1912年，"维生素"这个词出现了。

1912年，28岁的波兰生物化学家芬克博士在伦敦工作时，提出坏血病、糙皮病和营养缺乏症的脚气病的防治，都需要在食物中补充一些含氮碱的有机化合物，并建议叫维生素。但他当时所提到的维生素，是指化学上天然的胺(含氮的有机物)。尽管事实上芬克的假定后来被证明是错的，但"维生素"这个名称一直沿用下来。

1915年，麦考伦通过研究鼠类食物证明鼠类至少需要"脂溶素A"和"水溶素B"，后来德拉孟特把麦考伦的说法与维生素结合起来叫维生素A、维生素B，把抗坏血病的物质叫维生素C、抗佝偻病的物质叫维生素D。此后，人们根据维生素在人体中表现出来的性质分为水溶性维生素和脂溶性维生素两大类。脂溶性维生素主要包括维生素A、D、E、K等；水溶性维生素主要包括维生素B中的B_1、B_2、B_6、B_{12}和维生素C、L、H、P以及叶酸、胆碱等。

维生素A又叫抗干眼醇，是1913年美国化学家台维斯从鳕鱼肝中提取到的。1931年，瑞士的卡勒确定了维生素A的结构，并于1933年完成了维生素A的合成工作。维生素A在人体中的功能是维持眼睛在黑暗情况下的视力，预防和治疗夜盲症，促进儿童的正常声带发育，并能维持上皮组织的健康，增强对传染性疾病的抵抗力。

维生素A只存在于动物的组织中，如蛋黄、奶、奶油、鱼肝油等，植物体中不含维生素A，但它所含的β—胡萝卜素在人体中能转变成维生素A。

维生素B是一族胺类有机化合物，它包括维生素B_1、B_2、B_3、B_5、B_6、B_{12}等。维生素B_1又称硫胺素或抗脚气病维生素，是人类最早提纯的一种维生素，它是由荷兰科学家伊克曼首先发现的。1910年，波兰化学家丰克从米糠中提出B_1，并且提纯得到了纯净的维生素B_1。维生素B_1在人体中的主要功能是调节体内糖类的代谢，促进胃肠蠕动，增强消化功能，促进人体发育。维生素B_1主要存在于谷类、豆类、硕果和干酵母中。

维生素B_2又称维生素G或核黄素，它是由英国化学家布鲁斯于1879年从乳清中首先发现的。1933年，美国化学家哥尔倍格从牛奶中提取得到并提纯。1935年，瑞士化学家卡雷人工合成了维生素B_2。维生素B_2进入人体后发生转变，并与蛋白质合成为一种调节氧化—还原过程的脱氢酶，来维持组织细胞的呼吸，它还可调节体内物质代谢。维生素B_2主要存在于动物肝、肾等内脏以及豆类、奶、蛋、坚果、叶菜及干酵母中。

维生素B_6又称吡哆醇，是由美国化学家柯列格于1930年发现的。它是有机体内许多重要酶系统的辅酶，是动物正常发育和细菌、酵母繁殖所必需的营养。在各种谷类、豆类、蛋类、动物肝脏和酵母中都含有维生素B_6，尤其在谷糠中含量极为丰富。

维生素B_{12}也叫钴胺素，是由美国女科学家肖波于1947年在牛肝浸液中发现的。这是第一个发现的含钴的天然有机化合物。1948—1956年间，美国化学家霍奇金利用X射线衍射法测定了它的结构。1972年，有机化学大师伍德沃德领导十几个国家的一百多位化学家完成了维生素B_{12}的全合成。维生素B_{12}在人体中参与核酸、胆酸等的合成及脂肪、糖类的代谢过程，对肝和神经系统的功能产生一定作用。它可用来治疗贫血病，传染性肝炎等。维生素B_{12}广泛存在于动物的肝、肾及奶、蛋中。

此外，维生素B_3、B_5也都是人体不可缺少的物质，对人体正常生理过程也都有重要的作用。

维生素C又称抗坏血酸，是1947年由挪威化学家霍尔斯特在柠檬汁中发现的。1933年，英国化学家霍沃思首次合成了维生素C，并测定了它的结构，证明维生素C是己糖的衍生物。维生素C的合成及结构测定是糖化学中一项重要的成就，它奠定了碳水化合物化学的基础。

维生素C在人体中参与体内的氧化还原过程，促进人体的生长发育，增强人体对疾病的抵抗能力，维持骨骼、牙齿、血管、肌肉的正常功能，增强肝脏的解毒能力。维生素C主要存在于各种水果、蔬菜中，猕猴桃和辣椒中含量最丰富。

卡勒和霍沃思在维生素A、B、C研究与合成上的成功，使他们荣获1937年诺贝尔化学奖。

"多莉"的诞生与克隆技术

在小说《西游记》里，孙悟空用自己的汗毛变成无数个小孙悟空的离奇故事，表达了人类对复制自身的幻想。而克隆技术的出现，就是对这一幻想某种程度上的实现。克隆是英语单词clone的音译，clone源于希腊文klone，原意是指幼苗或嫩枝，以无性繁殖或营养繁殖的方式培育植物，如杆插和嫁接。如今，克隆是指生物体通过体细胞进行的无性繁殖，以及由无性繁殖形成的基因型完全相同的后代个体组成的种群。克隆也可以理解为复制、拷贝，就是从原型中产生出同样的复制品，它的外表及遗传基因与原型完全相同。

1938年，德国科学家首次提出了哺乳动物克隆的思想。1996年，体细胞克隆羊"多莉"出世后，克隆迅速成为世人关注的焦点。

克隆的基本过程是，先将含有遗传物质的供体细胞的核移植到去除了细

"克隆羊之父"伊恩·维尔穆特与克隆羊多莉

胞核的卵细胞中，利用微电流刺激等使两者融合为一体，然后促使这一新细胞分裂繁殖发育成胚胎，当胚胎发育到一定程度后（罗斯林研究所克隆羊采用的时间约为6天）再被植入动物子宫中使动物怀孕，使之可产下与提供细胞者基因相同的动物。这一过程中如果对供体细胞进行基因改造，那么无性繁殖的动物后代基因就会发生相同的变化。

培育成功三代克隆鼠的"火奴鲁鲁技术"与克隆多莉羊技术的主要区别在于，克隆过程中的遗传物质不经过培养液的培养，而是直接用物理方法注入卵细胞。这一过程中采用化学刺激法代替电刺激法来重新对卵细胞进行控制。

1952年，科学家首先用青蛙开展克隆实验，之后不断有人利用各种动物进行克隆技术研究。由于该项技术几乎没有取得进展，研究工作在20世纪80年代初期一度进入低谷。

后来，有人用哺乳动物胚胎细胞进行克隆取得成功。1996年7月5日，英国科学家伊恩·维尔穆特博士用成年羊体细胞克隆出一只活产羊——多莉，给克隆技术研究带来了重大突破。它突破了以往只能用胚胎细胞进行动物克隆的技术难关，首次实现了用体细胞进行动物克隆的目标，实现了更高意义上的动物复制。

多莉出世历经曲折。在培育多莉羊的过程中，科学家采用体细胞克隆技术，主要分四个步骤进行：

步骤一：从一只6岁芬兰多塞特白面母绵羊（姑且称为A）的乳腺中取出乳腺细胞，将其放入低浓度的营养培养液中，细胞逐渐停止分裂，此细胞称之为"供体细胞"；

步骤二：从一头苏格兰黑面母绵羊（B）的卵巢中取出未受精的卵细胞，并立即将细胞核除去，留下一个无核的卵细胞，此细胞称之为"受体细胞"；

步骤三：利用电脉冲方法，使供体细胞和受体细胞融合，最后形成"融合细胞"。电脉冲可以产生类似于自然受精过程中的一系列反应，使融合细胞也能像受精卵一样进行细胞分裂、分化，从而形成"胚胎细胞"；

步骤四：将胚胎细胞转移到另一只苏格兰黑面母绵羊（C）的子宫内，胚胎细胞进一步分化和发育，最后形成小绵羊——多莉。

从理论上讲，多莉继承了提供体细胞的那只绵羊（A）的遗传特征，它是一只白脸羊，而不是黑脸羊。分子生物学的测定也表明，它与提供细胞核的那头羊，有完全相同的遗传物质，它们就像是一对隔了6年的双胞胎。

1998年7月5日，日本石川县畜产综合中心与近畿大学畜产学研究室的科学家宣布，他们利用成年动物体细胞克隆的两头牛犊诞生。这两头克隆牛的诞生表明克隆成年动物的技术是可重复的。

既然牛羊可以克隆，那么人也是可以克隆的。由于克隆人可能带来复杂的后果，一些生物技术发达的国家，现在大都对此采取明令禁止或者严加限制的态度。

就克隆技术而言，"治疗性克隆"将会在生产移植器官和攻克疾病等方面获得突破，给生物技术和医学技术带来革命性的变化。比如，有人需要骨髓移植而没有人能为她提供；有人不幸失去5岁的孩子而无法摆脱痛苦；当有人想养育自己的孩子又无法生育……也许人们就能够体会到克隆的巨大科学价值和现实意义。

最伟大的医学实验

ZUI WEI DA DE YI XUE SHI YAN

斯塔林的实验与激素的发现

1888年，俄国著名的生理学家巴甫洛夫就发现：如果把盐酸放进狗的十二指肠，可以引起胰液分泌明显增加。他认为，这个现象是由于神经反射造成的。可是，实验中切除神经以后，进入十二指肠的盐酸照样能使胰液分泌增加。巴甫洛夫认为是神经没有去除干净的原因。当时还有几个科学家也发现了类似的现象。但由于他们都拘泥于巴甫洛夫"神经反射"这个传统概念的框框，最终失去了一次发现真理的机会。

年轻的生理学家斯塔林对这个问题也怀有极大兴趣，但他思想不保守，不迷信权威，大胆设想，革新实验。他和贝利斯在长期的观察中发现：狗进食后，胃便开足马力，把食物磨碎。当食物进入小肠时，胃后边的胰腺马上会分泌出胰液并立刻送到小肠，和磨碎的食物混合起来，进行消化活动。那么，食物到达小肠的信息，胰腺是怎样得到的呢？

起初他们认为这个信息是通过神经系统来传递的，于是便设计了一个实验：把一条狗的十二指肠黏膜刮下来，过滤后注射给另一条狗，结果这条狗的胰液分泌量明显增加。两条狗之间没有神经联系，这个实验结果却否定了他们的"神经系统传递信息"的设想。究竟答案在哪里呢？

他们又经过两年的仔细观察和研究，终于在1902年解开这个迷。原来，在正常情况下，当食物进入小肠时，由于食物在肠壁摩擦，小肠黏膜就分泌出一种数量极少的物质进入血液，流送到胰腺，胰腺接到信息后，就立刻分泌出胰液来。接着，他们把这种物质提取出来，并注入到哺乳动物的血液中，发现即使这一动物不吃东西，也会立刻分泌出胰液来，于是，他们便给这种物质命名为"促胰液素"。

斯塔林并不满足于已有的成就，继续对激素深入地开展实验研究。他发现，做实验的那条狗注射了另一条狗的十二指肠黏膜以后，胰液分泌明显增加，同时还会出现血压骤然下降。原因是什么呢？不久，他把黏膜滤液中的组胺与促胰液素分离开来，发现组胺使血管扩张，外周阻力降低，所以有降压作用。这样，终于得到了纯净的促胰液素，使激素的体液调节作用学说更具说服力。

为了给这类数量极少、但有特殊生理作用、可激起物体内器官巨大反应的物质寻找一个新名词来称呼这类"化学信使"，1905年斯塔林采纳了同事哈代的建议，创用了"hormone"(激素)一词，音译"荷尔蒙"，用来指促胰液素这类无导管腺分泌的特殊化学物质。从此，便产生了"激素调节"这个新概念。不久，另一位学者庞德又创用了"内分泌"一词。当然，从字义上讲，"激素"这一术语今天看来并不完全令人满意，因为许多激素除了具有兴奋作用之外，还具有抑制作用。

促胰液素是内分泌学史上一个伟大的发现。它不仅使人类发现了一个新的化学物质，而且发现了调节机体功能的一个新概念、新领域，动摇了机体完全由神经调节的思想。它的发现表明除神经系统外，机体还存在着一个通过化学物质的传递来调节远处器官活动的方式，即体液调节。

现在把凡是通过血液循环或组织液起传递信息作用的化学物质，都称为激素。激素的分泌均极微量，为毫微克（十亿分之一克）水平，但其调节作用均极明显。激素作用甚广，但不参加具体的代谢过程，只对特定的代谢和生理过程起调节作用，调节代谢及生理过程的进行速度和方向，从而使机体的活动更适应于内外环境的变化。在医疗上，激素可以减少患者的病痛，在短时间内可以缓解病情，但有可能使患者上瘾，对激素产生依赖性，被人称为魔鬼。但是激素可以在病痛初发期发生有效的作用，又让人觉得犹如天使。所以，我们要善于利用激素作为天使的一面。

班廷的实验与胰岛素的发现

胰岛素是由胰岛 β 细胞受内源性或外源性物质如葡萄糖、乳糖、核糖、精氨酸、胰高血糖素等的刺激而分泌的一种蛋白质激素。胰岛素是机体内唯

班廷

一降低血糖的激素，也是唯一同时促进糖原、脂肪、蛋白质合成的激素。

提到胰岛素，得从加拿大医生班廷说起。班廷，1917年毕业于加拿大多伦多大学医学院。作为一名医士官参与"一战"，因伤退役后，在小城伦敦（位于加拿大）开了个小诊所，并在当地西安大略大学的医学院得到一个兼职教学的工作。1920年的某一天，他为了讲授胰脏生理和糖尿病正在煞费心思地准备讲稿，写着写着，感觉得自己掌握的材料太少了，比如糖尿病的发病机理和胰脏的关系，几乎是一无所知。班廷是喜欢深究的学者，认真的态度驱使他走向资料室去查找所需要的资料，终于在最新的医学期刊中找到了关于糖尿病的文章，了解到糖尿病与胰腺的作用存在着某些关系。

当时，人们了解糖尿病是由于胰腺存在缺陷，造成糖分不能在血液中进行充分的新陈代谢，同时，也妨碍蛋白质和脂肪的代谢作用，最后使体内的糖分积累起来，并由尿中排出，引起糖尿病。

夜晚，班廷独自思考，胰腺中是否有某种特殊的物质在起作用：促进糖分的新陈代谢。如果缺少了这种物质，代谢减缓人就会患病。

其实，在班廷找到这种物质以前，世界上许多科学家知道糖尿病同胰岛有关，并且推测胰岛能分泌某种影响血液浓度的物质，这种未知的物质被叫做胰岛素。他们都想从胰脏中提取胰岛素，用来医治糖尿病，但是都失败了。

班廷决心从糖尿病的发病原因里找出胰岛素，弄个"水落石出"。他首先征得学校系主任的同意，回多伦多大学搞实验，那里还有一位糖尿病专家麦克劳德教授可以帮助他搞研究。

在实验研究工作中，班廷有个得力助手贝斯特。他们用狗做实验，方法是把狗的胰腺结扎起来，随时分析狗的血液和尿液中的糖分变化，实验结果

1965年9月17日，中国首次人工合成了结晶牛胰岛素。

表明，把胰腺切除的狗最后死于糖尿病。与此同时，他把正常胰腺中提取出来的分泌物，再注射到切除胰腺的快要死去的狗身上，狗又复活了。后来停止注射这种分泌物，狗真的死了，这就证明，胰腺中确实有一种能够治疗糖尿病的物质。

后来，经过大量的实验，班廷从牛的胰脏中，利用加酸的酒精直接提取胰岛素。为了尽快使用胰岛素来治病，班廷想到世界上患糖尿病的人，需要一种有效的药物来救活他们，于是他毅然决定把牛身上提取的胰岛素，先给自己打一针，随后又给助手贝斯特注射一针。过了一会，觉得没有危险，在人体上应用是安全的，才开始给糖尿病人治疗。据说，第一个得益者是班廷的同窗好友，他患有严重的糖尿病，当经受住第一次注射实验后，他觉得病情有所好转，随后又按照一定的标准剂量注射一段时间后，成了第一位用班廷的胰岛素治愈的糖尿病人。

从此，千千万万的糖尿病人用胰岛素治愈了疾病，解除了痛苦。这是1921年到1922年的事，隔了一年，1923年班廷因为这一伟大发现而获得诺贝尔生理学或医学奖。

科学是不断发展的。现在，人体已经清楚地知道，一个人在胰岛素分泌不足时，血液中血糖的含量就会升高，随着尿液排出，形成糖尿病；相反，在当胰岛素分泌过多时，又会使血糖的浓度下降，产生低血糖症。胰岛素过多或过少都会引起体内糖代谢的紊乱。胰岛素的发现，不仅为糖尿病人提供了有效药物，而且推动了蛋白质化学的研究工作。

为了满足医疗上的需要，科学家们开始研究胰岛素的结构，并研究人工合成胰岛素的方法。

后来，人工合成胰岛素的方法越来越成功，从动物胰岛素到人胰岛素都被人工合成成功了，越来越多的糖尿病患者不必再忍受痛苦。至今用于临床的胰岛素几乎都是从猪、牛胰脏中提取的。不同动物的胰岛素组成均有所差异，猪的与人的胰岛素结构最为相似，只有B链羧基端的一个氨基酸不同。80年代初已成功地运用遗传工程技术由微生物大量生产人的胰岛素，并已用于临床。

弗莱明的实验与青霉素的发现

20世纪40年代以前，人类一直未能掌握一种能高效治疗细菌性感染且副作用小的药物。当时若某人患了肺结核，那么就意味着此人不久就会离开人世。为了改变这种局面，科研人员进行了长期探索，然而在这方面所取得的突破性进展却源自一个意外发现。

1928年，在伦敦赖特生物研究中心，为了探索机体防御因子抵抗病原菌致病因子的作用机理，寻找一条制服病原菌的新路子，细菌学家弗莱明正在进行着细菌学的培养实验。他对葡萄球菌似乎更感兴趣，因为这种菌分布广、危害大，一般的伤口感染化脓主要就是由于它们在作祟。第一次世界大战期间，许多士兵受伤后，由于受这种病菌的感染且无药医治，而夺去了他们的生命。为此，他很想找出一种能抵制葡萄球菌的物质。

弗莱明

　　葡萄球菌被培养在扁圆形的玻璃皿里，温度和培养基等条件的改变都可影响葡萄球菌的生长，弗莱明就不时地用显微镜观察它们的变化。

　　实验室里杂乱无章，一般来说，空气中总是飘浮着各种各样微生物，有时会在打开器皿盖时的刹那间落进培养器皿里，自由自在地生长繁殖，破坏微生物培养实验的正常进行。

　　这种外来微生物污染培养皿的情况，在许多微生物实验室里都发生过。不过弗莱明的实验室的卫生条件更差，而且他还有一个习惯，经过初步观察研究后的培养皿，不是马上进行清洗处理，而是常被搁置一边，过了一段时间后再去看看有没有发生什么新的变化。

　　9月的一天早上，他照例先察看一下培养皿，然后用实验器具按照常规操作方法，打开培养皿蘸取细菌菌落时，发现一个培养皿被空气中的霉菌污染了。在过去这种情况时有发生，最简单的处理办法是倒掉，重新清洗培养皿再来培养。但他仔细地观察起来，因为他发现在长满金黄色葡萄球菌的器皿中，长出了一些青色的霉斑，霉斑的周围出现了一小圈透明的区域，原先生长在这里的金黄色葡萄球菌菌落全部都消失了。他十分惊讶：为什么这种霉菌能把葡萄球菌杀死呢？

弗莱明马上意识到自己可能发现了某种重要现象。"是什么引起我的惊奇？就是在青霉素的周围相当宽阔的区域里，具有强烈致病力的金黄色葡萄球菌被溶化了，从前它长得那么茂盛，如今只留下一点枯影。"为什么？他推测这很可能是由于青色霉菌分泌的某种杀菌素把葡萄球菌杀死了。

他回想起1921年发现溶菌酶的一次偶然事件。开始，他并不寻找溶菌酶，只是当空气中的污染物在培养皿中形成菌落后，当他俯身检查菌体时，由于重感冒，不小心让鼻涕滴在菌落上，这样一来，本以为实验不能进行下去了，奇怪的是，他发现鼻涕居然分解了菌落。这说明鼻涕中有能杀死菌体的物质，进一步实验证明弗莱明的猜测完全正确。由鼻黏膜分泌出的黏液含有一种抗菌物——溶菌酶。

现在又发现比溶菌酶更强大的霉菌，如果能培养出来，不就是一种能治葡萄球菌的药吗？于是，他决定立即对这种霉菌菌种进行鉴定，从培养皿中刮出一点培养基放到显微镜下观察，发现它们是属于真菌一类的丝状菌，同腐烂的蔬菜、水果、肉食以及面包、奶酪上的霉菌是一家子。

接着，弗莱明又把剩下的霉菌分离出来，放到一个装满营养液的罐子里培养。几天之后，青霉菌旺盛地生长繁殖，同时往培养液里释放出一种物质，把本来的清液染成了淡黄色。更有意思的是，滤去青霉菌之后，这种淡黄色的液体依然具有与存在青霉菌时同样的杀菌本领，往装有葡萄球菌混浊液的瓶中加进一点青霉菌的培养液，3小时后混浊液就开始变清，说明葡萄球菌已经被杀死了。于是弗莱明终于作出了结论，他在实验记录本上写道："这表明在霉菌培养液中包含着对葡萄球菌有溶菌作用的某种物质。"这种物质是青霉素在生长过程中的代谢产物，英文名称音译为盘尼西林，中文名称青霉素。

弗莱明发现青霉素以后，穷追不舍，一方面培养青霉菌，另一方面开展动物实验，发现青霉菌对葡萄球菌、链球菌、肺炎球菌有抑制能力。进一步的实验研究还表明，青霉素对很多传染病菌有致命的效果，除了葡萄球菌，还能杀死链球菌、白喉杆菌、炭疽杆菌、肺炎球菌等而对人和动物的危害却很小。可以说，这种由青霉菌分泌产生的神奇物质，是人类自发明杀菌药剂以来最强有力的一种，用它来治疗肺炎、败血症、梅毒等都有很好的疗效。

1939年，第二次世界大战爆发，战争给社会带来大量的伤员，当时虽然已经发明了磺胺类药物，但是远远不能满足战事急需。大量的伤病员需要治疗，对消炎解毒防感染的药物的生产和研究也急需跟上。后来，牛津大学一位正在寻找抗菌物质的科学家弗洛里，从文献中查到10年前弗莱明关于青霉菌有良好抗菌作用的报道，随后同生物化学家钱恩等人，向弗莱明要求提供青霉菌株，同时，开始着手提纯青霉菌。

经过一年多的努力，终于利用新技术从青霉菌培养液中分离得到纯净的青霉素，其活力比弗莱明在1928年得到的要高出百万倍。1940年，弗洛里和钱恩通过动物实验说明，青霉素能治疗患传染病的白鼠，但是，毕竟产量太少，无法对人体进行临床实验。

Thanks to PENICILLIN
...He Will Come Home!

二战时的宣传画：感谢青霉素，他可以活着回家了

1941年，弗洛里和钱恩开始临床实验，第一名受实验者是伦敦的一名警察，因患葡萄球菌引起的败血症，在连续使用青霉素后，病情有了控制，可是在这节骨眼上，青霉素没有了，结果无法挽救警察的生命。

又过了一年，青霉素试用于英国军队的伤病员，取得满意的效果。1943年，英国和美国的工厂开始大量生产青霉素，来满足第二次世界大战中伤病员的医治。到1944年，青霉素的应用已经"军转民"，十分普遍了，老百姓也能用上青霉素，尽管青霉素价格昂贵，但只要确实能治好疾病，还是能被人们所接受的。

不仅如此，从青霉素开始，又引起科学家们对新的抗菌素的发现和研究，

把千百万病人从死亡线上挽救过来，这对全人类的文明进步是很大的贡献。

1945年的诺贝尔生理学或医学奖授予对研制青霉素有卓越贡献的三位科学家：弗莱明、钱恩和弗洛里。授奖仪式进行到获奖者演说这个节目时，弗莱明坦诚地说："青霉素的发现是一个机遇，我的功绩在于没有忽略这一发现，并且继续追踪它，这是我作为一个细菌学工作者多年追求的目标。"这正是"机遇偏爱有准备的头脑"的真实写照。

瓦克斯曼的实验与链霉素

时至今日，人们谈论癌症时，仍然是谈虎色变。然而，20世纪40年代以前，肺结核疾病与今天的癌症一样令人生畏。那么，是谁造福于人类，使人类战胜了结核病的呢？这个人就是出生于俄国的美国籍生物学家瓦克斯曼。

结核病是一种古老的疾病。人们从埃及的木乃伊中，从中国马王堆西汉女尸的肺部，都可找到这一危害人类健康的疾病的踪迹。在历史上，结核病曾是一种极为可怕的疾病。18世纪末期的时候，英国首都伦敦城每10万人中就有700人死于这种病；19世纪中叶的时候，欧洲四分之一的人口死于结核病；许多著名文学家、艺术家，如鲁迅、肖邦、别林斯基、杜勃罗留波夫等人，都被它过早地夺走了生命。可恶的结核病，对人类犯下多大的罪孽呀！难怪长期以来，人们视它如洪水猛兽，恐惧地称它为"白色瘟疫"呢！链霉素的发现者所以受到人们如此的欢呼，便不难想象的了！

瓦克斯曼于1888年出生在俄国。他家以务农为生，瓦克斯曼从小就与土壤结下了不解之缘。22岁那年，他随家人移居美国，进了大学攻读农学专业，依然与土壤结伴。大学毕业后从事大学土壤微生物教学和研究工作，并获得不少成就。

1924年的一天，瓦克斯曼所在的研究所，接受了美国结核病协会委托进行的一项研究任务：进入土壤中的结核菌到哪里去了？经过3年的研究，确认进入土壤中的结核菌，最终在土壤中全部被消灭了。那么是什么东西消灭了结核菌呢？

一系列的实验表明，可能是土壤中那些无毒性而又具有强大杀菌能力的微生物所为。可是，微生物是一个微观的"王国"，在这个王国里，有许多家族，在每个家族中又有成千上万个子孙。想要在这个拥有10万种以上的"居民"王国里，寻找杀死结核菌的微生物，真像大海捞针一样。

这确实是一项十分繁复而又非常细致的工作。在一块土壤中常常有几千种细菌存在，而它们的生活习性又各自不同，研究人员必须顽强地、一丝不苟地先将它们一种一种分离出来，再按它们的要求在不同的培养基里进行纯粹培养，当获得分泌物以后，又必须在病原菌或其他细菌中进行杀菌效能检验。

从1939年开始，100种、300种、600种……如此实验下去。到1941年，瓦克斯曼实验过的细菌达到5000种，并发现了放线菌，但不符合治疗要求。

1942年，继续实验，达到8000种。在这期间他又发现一种链丝菌素，这是一种丝状微生物，能够将一些细菌（包括结核杆菌）杀死，但是毒性过大，因而在进行动物实验时，被实验的动物一只一只相继死去，仍然无法应用于治疗。

1943年，瓦克斯曼和他的助手们经过实验的细菌已达到一万多种。就在这一年，他们分离出一种完全符合要求的灰色放线菌（后来命名为灰色链霉菌），并发现它可以对结核杆菌产生抑制作用。经过提炼研制成新的抗生素，并顺利地通过了对动物的实验和长期观察，确认这种新药物具有治疗结核病的特效，并对动物无

瓦克斯曼

害。几个月后，开始对人体进行临床试验，证实了它的医疗价值。于是，又扩大实验范围，证明对治疗结核性脑膜炎也有特效。

就这样，瓦克斯曼和他的助手阿尔伯特·舒茨以及伊丽莎白·布姬，于1944年1月正式宣布了这个新的抗生素——链霉素诞生了。1952年12月，瓦克斯曼因为这项伟大的发现在瑞典首都斯德哥尔摩获得了诺贝尔生理学或医学奖。

"医病鼠"的实验与恶性顽疾

人们通常认为老鼠是传播疾病、制造麻烦和惹人讨厌的动物。但从20世纪初以来，正是老鼠一直在充当人类医学研究的献身者：它们既是研究疾病的工具，又是检验药物作用的"实验者"，为人类战胜疾病作出了巨大的贡献。

1996年，美国杰克逊遗传实验室的科学家培育出这种非同寻常的老鼠。这种老鼠，浑身无皮无毛，"赤身裸体"，身体极胖，大如家猫，张着丑陋血腥的大口，非常凶残。工作人员不得不拔掉它的牙齿。但"鼠"也不可貌相，别看它样子丑陋，它可是来之不易的医学"珍品"呢！

杰克逊遗传实验室的研究人员，曾经为此付出了巨大艰辛。他们从世界35个国家中筛选出大约100万只老鼠，并对每一只老鼠做了心理学、生理学和遗传学研究。他们的研究得出了异乎寻常的结论：老鼠和人的基因有85%完全相同。当科学家们进一步把其余15%不尽相同的人体基因转入老鼠体内时，令人惊喜的结果出现了，接受人体基因的老鼠的机体和遗传特性不同程度地变得与人的机体和遗传性十分相同。这一结果，给人类彻底战胜病魔带来了无限光明，它关系到人类能否最后征服艾滋病、糖尿病、狂犬病、神经麻痹性障碍、癫痫病和细菌感染等顽症。

接受了人的遗传性之后的老鼠，由于机体发生了遗传学突变，改变了原来的样子。它们变得对各种疾病特别敏感，容易很快被人类疾病的病原菌所征服，表现出明显的疾病症状。科学家们把接种了各种疾病病原菌的这种老鼠放在高压氧气舱内饲养，大约1~2个月后，这些老鼠便染上各种疾病，并使病情恶化，表现出人可看见的各种疾病。但是，它们机体的免疫能力仍能对所患疾病起作用，在同病菌进行着顽强的斗争，挣扎着生活着。

科学家们推想，既然这些老鼠的机体仍能与疾病抗争，就说明它们的机体内具有抵抗疾病所必不可少的各种成分。采集这些老鼠的血液，便可能从中提取理想的治疗对应疾病的药物。可以想象，如果能用这种方法培育出抗癌和抗艾滋病疫苗,将会使人类不再为恶性的"不治之症"而绝望。

据报道,美国杰克逊遗传实验室的研究人员,借助这种老鼠已研制出能彻底根治糖尿病、癫痫病、神经麻痹性障碍等顽固病症的疫苗,并成功地进行了诊断早期恶性疾病的生物医学试验,取得令人欣喜的效果。

中国科学家的有关研究也取得了可喜的成绩。1991年,中国上海医科大学的研究人员,首次在国际上成功培育出被称为"试管小人"的特殊小鼠。这种特殊小鼠可以生长人体细胞,代替人体进行艾滋病、乙型肝炎等严重疾病的病毒实验。培育出具有多起顽症联合免疫缺陷小鼠的新品系,成为一种活体"动物试管"。它们很容易接受人源组织的移植物,可以被植入各种人的组织细胞,能够感染多种病毒,为科研人员制造抗疾病疫苗和药物,寻找克服顽症的途径,提供了积极帮助。

1990年,英国伦敦医学研究所遗传学家戴维·格里弗斯等人,通过将人的镰形细胞基因插入小鼠胚胎,成功地培育出世界上第一种患镰形细胞贫血症的实验小鼠"模型"。这种动物模型,可为红细胞镰化机制提供某些线索,并可作为一种理想的药物实验治疗模型。

其他许多国家的科研人员,也都在进行着积极探索。相信,随着生物技术和其他学科技术的不断发展,人类完全彻底战胜各种恶性顽疾的日子不会太遥远了!

兰德斯坦纳与血型验证

卡尔·兰德斯坦纳(Karl·Landsteiner),奥地利著名医学家,1868年6月14日生于奥地利首都维也纳。他因1900年发现了A、B、O、AB四种血型中的前三种,而于1930年获得诺贝尔医学及生理学奖。

2001年,在南非约翰内斯堡举办的第八届自愿无偿献血者招募国际大会上,世界卫生组织、红十字会与红新月会国际联合会、国际献血组织联合会、国际输血协会四家旨在提高全球血液安全的国际组织联合倡导,将ABO血型系统的诺贝尔奖获得者——卡尔·兰德斯坦纳(Karl·Landsteiner)的

兰德斯坦纳

生日——每年的6月14日定为"世界献血者日"，建议从2004年起正式推行，这为全球统一庆祝活动提供了特别的机会。

1900年，兰德斯坦纳在维也纳病理研究所工作时发现了甲者的血清有时会与乙者的红血球凝结的现象。这一现象当时并没有得到医学界足够的重视，但它的存在对病人的生命是一个非常危险的威胁。兰德斯坦纳对这个问题却非常感兴趣，并开始了认真、系统的研究。

经过长期的思考，兰德斯坦纳终于想到：会不会是输血人的血液与受血者身体里的血液混合产生病理变化，而导致受血者死亡？1900年，他用22位同事的正常血液交叉混合，发现红细胞和血浆之间发生反应，也就是说某些血浆能促使另一些人的红细胞发生凝集现象，但也有的不发生凝集现象。于是他将22人的血液实验结果编写在一个表格中，通过仔细观察这份表格，他终于发现了人类的血液按红血球与血清中的不同抗原和抗体分为许多类型，于是他把表格中的血型分成3种：A、B、O。不同血型的血液混合在一起就会出现不同的情况，就可能发生凝血、溶血现象，这种现象如果发生在人体内，就会危及人的生命。

1902年，兰德斯坦纳的两名学生把实验范围扩大到155人，发现除了A、B、O三种血型外还存在着一种较为稀少的第四种类型，后来称为AB型。到1927年经国际会议公认，采用兰德斯坦纳原定的字母命名，即确定血型有A、B、O、AB四种类型，至此现代血型系统正式确立。兰德斯坦纳也因贡献的意义重大，在1930年获得诺贝尔医学及生理学奖。

兰德斯坦纳的这一研究成果找到了以往输血失败的主要原因，为安全输血提供了理论指导。但在当时许多人并没有看清楚这项科学发现在医学上的重要意义，所以兰德斯坦纳并没有因此而扬名。直到8年后的一个偶然事件才使他声名大噪。

1908年，兰德斯坦纳离开了维也纳病理研究所，到威海米娜医院当医生，就是他幼年时常去玩的那家医院。这一年春天的一个上午，威海米娜医院的大厅里传来一位妇人的痛哭声，兰德斯坦纳正好从这里经过，便驻足上前观看，原来是她的孩子生病发烧，几天后又出现下肢瘫痪，对此医生们都毫无办法，他们认为这是一种不治之症，无能为力。在绝望的情况下，妇人除了痛哭之外还有什么办法呢？兰德斯坦纳不能见死不救，他仔细检查了一下病孩儿，似乎觉得并非只有死路一条，因为根据他多年研究的结果，从理论上讲治疗这种病是有一定依据的，只是还没有成功的经验。兰德斯坦纳将这种情况告诉了患儿的母亲，已经绝望的母亲似乎又看到了一丝希望，她决定让兰德斯坦纳试一试。兰德斯坦纳运用血清免疫的原理把病人的病原因子输到一只猴子身上，待猴子产生抗体之后，再把猴子的血制成含有一种抗体的血清，将这种血清接种到病人身上，生病的孩子很快就被救治了。

兰德斯坦纳从此出了名。奥地利医学界人士承认他很有才能，维也纳大学聘请他为病理学教授。但兰德斯坦纳最关心的还是血型研究。他的工作在奥地利不受重视，他辗转到了美国的洛克菲勒医学院做研究员。

在当时，以A、B、AB、O四种血型进行输血，偶尔还会发生输同型血后自然产生溶血现象。这对病人的生命安全是一个极大的威胁。1927年，兰德斯坦纳与美国免疫学家菲利普·列文共同发现了血液中的M、N、P因子，从而，比较科学、完整地解释了某些多次输同型血发生的溶血反应和妇产科中新生儿溶血症问题。

兰德斯坦纳的杰出贡献，对于人类血型的杰出研究成果，不仅为安全输血和治疗新生儿溶血症提供科学的理论基础，而且对免疫学、遗传学、法医学都具有重大意义。

卡迈德、介兰与卡介苗

卡介苗是一种用来预防儿童结核病的预防接种疫苗。接种后可使儿童产生对结核病的特殊抵抗力。由于这一疫苗是由两位法国学者卡迈尔与介兰发明的，为了纪念发明者，将这一预防结核病的疫苗定名为"卡介苗"。目前，世界上多数国家都已将卡介苗列为计划免疫必须接种的疫苗之一。　卡介苗接种的主要对象是新生婴幼儿，接种后可预防发生儿童结核病，特别是能防止那些严重类型的结核病，如结核性脑膜炎。

20世纪初，法国有两位细菌学家——卡默德和介兰，他们共同试制成功了预防结核菌的人工疫苗，又称"卡介苗"。

那是秋天的一个下午，卡默德和介兰走在巴黎近郊的马波泰农场的一条小路上，走着走着，他们发现田里的玉米杆儿很矮，穗儿又小，便关心的问旁边的农场主："这些玉米是不是缺乏肥料呢？"农场说："不是，先生。这玉米引种到这里已经十几代了，可能有些退化了。"

"什么？请您再说一遍！"农场主笑着说："是退化了，一代不如一代啦！"看着匆匆离去的两个人，他觉得很好笑。

之前，卡默德和介兰做实验，试图把结核杆菌接种到两只公羊身上，但每次都失败了。现在，他们从从玉米的退化马上联想到：如果把毒性强烈的结核杆菌一代代培养下去，它的毒性是否也会退化呢？用已退化了毒性的结核杆菌再注射到人体中，不就可以既不伤害人体，也能使人体产生免疫力了吗？两位科学家足足花了13年的时间，终于成功培育了第230代被驯服的结核杆菌，作为人工疫苗！

结核菌是细胞内寄生菌，因此人体抗结核的特异性免疫主要是细胞免疫。接种卡介苗是用无毒卡介菌（结核菌）人工接种进行初次感染，经过巨噬细胞的加工处理，将其抗原信息传递给免疫活性细胞，使T细胞分化增殖，形成致敏淋巴细胞，当机体再遇到结核菌感染时，巨噬细胞和致敏淋巴细胞迅速被激活，执行免疫功能，引起特异性免疫反应。释放淋巴因子是致敏淋巴细胞免疫功能之一，其中趋化因子（MCF）能吸引巨噬细胞及中性多核白细胞，使其趋向抗原物质与致敏淋巴细胞相互作用的部位移动，巨噬细胞抑制因子（MIF）能抑制进入炎症区的巨噬细胞和中性多核白细胞的移动，使它们停留在炎症或病原体聚集的部位，利于发挥作用。MIF可使巨噬细胞发生粘着，并使吞噬反应显著增加。巨噬细胞激活因子（MAF）主要作用是增加巨噬细胞的吞噬与消化能力，并加强巨噬细胞对抗原进行处理的能力，从而提高抗原的免疫原性作用。因此在结核菌侵犯的部位，出现巨噬细胞的凝聚，大量吞噬结核菌。在分枝杆菌生长抑制因子的作用下，还能抑制细胞内的结核菌生长，及至消化，最后消灭，形成结核的特异性免疫。在卡介苗进入机体后，引起特异性免疫反应的同时，还产生了比较广泛的非特异性免疫作用，这与T细胞产生的淋巴因子，T细胞本身的直接杀伤作用及体液免疫因素相互作用有关。临床上应用于：

1.出生3个月以内的婴儿及用5IUPPD（PPD为结核菌素纯蛋白衍化物）或5IU稀释旧结核菌素试验阴性的儿童（PPD或结核菌素试验阴性后48—72小时，局部硬结在5mm以下者为阴性），皮内接种以预防结核病。

2.现用于治疗恶性黑色素瘤、或在肺癌、急性白血病、恶性淋巴瘤根治性手术或化疗后作为辅助治疗，均有一定疗效。

3.非特异性卡介苗还用于预防小儿感冒、治疗小儿哮喘性支气管炎以及防治成人慢性气管炎（PPD实验呈阴性者方可使用特异性卡介苗，否则会导致患者感染结核病）。

接种卡介苗对儿童的健康成长很有好处。卡介苗接种被称为"出生第一针"，所以在产院、产科新生婴儿一出生就应该接种。如果出生时没能及时接种，在1岁以内一定要到当地结核病防治所卡介苗门诊或者卫生防疫站计划免疫门诊去补种。

格哈德·多马克实验出的磺胺

格哈德·多马克（Gerhard Johannes Paul Domagk，1895年10月30日—1964年4月24日）是一位德国病理学家与细菌学家。出生于德国勃兰登堡邦。多马克由于发现了能有效对抗细菌感染的药物，而获得了1939年的诺贝尔生理学或医学奖。不过却由于纳粹政权的强迫而拒绝获奖，并于一周后遭盖世太保逮捕。这是由于先前一名纳粹批判者卡罗·冯·奥西埃茨基（Carl von Ossietzky）获诺贝尔和平奖，使当时的德国政府制定了不允许接受诺贝尔奖的法律。直到战后的1947年，多马克才正式接受了诺贝尔奖。

到20世纪初，人类已发明和拥有了疗效显著的一些化学药物，可治愈原虫病和螺旋体病，但对细菌性疾病则束手无策。人们试图研制一种新药以征服严重威胁人类健康的病原菌。这一难关终于在1932年被32岁的德国药物学家，病理学家，细菌学家格哈德·多马克所攻破。

多马克把染料合成与新医药研究相结合，使医药研究工作从试管里解放出来。他认为，既然制药的目标是杀灭受感染人体内的病原菌，以保护人体健康，那么，只在试管里试验药物作用是不够的，必须在受感染的动物身上观察。这个崭新的观点为寻找新药指明了正确的方向。在试验中，多马克把少量链球菌注入小白鼠腹腔，链球菌以20分钟一代的速度繁殖，数小时后便在腹腔和血液中充满了链球菌，小白鼠在48小时内全部死于败血症。多马克及其合作者经过千百次试验，1932年12月20日，他们终于发现了一种在试管内并无抑菌作用的，名为百浪多息的桔红色化合物—4—氨磺酰—2，4—二胺偶氮苯的盐酸盐，对感染链球菌的小白鼠疗效却极佳。接着，多马克又研究了"百浪多息"的毒性，发现小白鼠和兔子的耐受量为500mg／kg体重，更大的剂量也只能引起呕吐，说明其毒性很小。正在这时，多马克的女儿因为手指被刺破，感染上了链球菌，生命垂危，无药可救。紧急关头，多马克以自己的小女儿作人体实验对象，给女儿服用了"百浪多息"，挽救了爱女的生命。

第一种磺胺药物"百浪多息"的发现和临床应用成功，使得现代医学进入化学医疗的新时代。不久，巴斯德研究所的特雷富埃夫妇及其同事揭开了百浪多息在活体中发生作用之谜，即百浪多息在体内能分解出磺胺基因—对氨基苯磺酰胺（简称磺胺）。磺胺与细菌生长所需要的对氨基甲酸在化学结构上十分相似，被细菌吸收而又不起养料作用，细菌就不得不死去。药物的机理搞清后，百浪多息逐渐被更廉价的磺胺类药物所取代，并延用至今。1939年，多马克获得了诺贝尔生理学和医学奖。但希特勒禁止德国人接受诺贝尔奖，直到第二次世界大战之后，多马克才于1947年赴斯德哥尔摩补领奖章和奖状。

碘胺类药物的主要作用是抑制细菌繁殖，而没有杀菌的能力。因为细菌生存，必须对一氨基苯甲酸（PABA）为细菌合成核酸提供辅酶F。由于磺胺药物的分子结构，电荷分布同PABA很相似，能与PABA互相竞争二氢叶酸合成酶，从而妨碍叶酸合成。二氢叶酸是辅酶F，影响核酸合成，则使细菌生长繁殖受到抑制，再利用机体各类防卸机能克服细菌感染。根据临床用药情况，磺胺类药物可分肠道易吸收类（如磺胺甲基恶唑），肠道难吸类（如酞酰磺胺噻唑），局部外用药（如磺胺醋酰钠）。而肠道易吸收类磺胺药物又可分为短效，中效及长效类等三种。

最伟大的天文实验

赫斯的冒死实验与宇宙射线

宇宙射线，指的是来自于宇宙中的一种具有相当大能量的带电粒子流。太阳系是在圆盘状的银河系中运行的，运行过程中会发生相对于银河系中心位置的位移，每隔6200万年就会到达距离银河系中心的最远点。而整个"银河盘"又是在包裹着它的热气体中以每秒200千米的速度运行。科学家称"银河盘并不像飞盘那样圆滑"，"它是扁平的"。当银河系的"北面"或前面与周围的热气摩擦时就会产生宇宙射线。

20世纪初，人们在实验中发现，空气中存在有来历不明的离子源，无论采取什么样的措施，验电器中的空气都被这种离子电离了。1903年，卢瑟福和库克发现，如果小心地把所有放射源移走，在验电器中每立方厘米内，每秒钟还会有大约10对离子不断产生。他们用铁和铅把验电器完全屏蔽起来，离子的产生几乎可减少3/10。

他们在论文中提出设想，也许有某种贯穿力极强，类似于 γ 射线的辐射从外面射进验电器，从而激发出二次放射性。莱特、沃尔夫等物理学家先后采用各种方法进行了实验。他们发现，这种源的放射性与当时人们比较熟悉的放射性相比具有更大的穿透本领，科学家去寻找这些离子是从哪来的？有人猜测，这些离子可能是由外层空间辐射来的。

奥地利物理学家赫斯决心探测这些离子的来源。

在奥地利航空俱乐部的支持下，赫斯设计了一套装置，将密闭的电离室吊在气球下，电离室的壁厚足以抗一个大气压的压差。他一共制作了10只侦察气球，每只都装载有2~3台能同时工作的电离室。

当时的科学水平还不高，技术条件较差，但赫斯不顾个人的安危，常常是独自一个人乘坐气球，将高压电离室带到高空，静电计的指示经过温度补偿直接进行记录。有一次，气球出了故障，他从高空摔了下来，完全不省人事达20小时。很多人以为他活不过来了，家里人也为他准备后事。但是，奇迹出现了，经医院奋力抢救，第二天他醒过来了，他没有死。

赫斯在1911年一共做了10次大胆的气球飞行实验。最高升到5350米高度。他收集到的资料结果表明，从地面开始到大约150米高度，电离是随高度增加而衰减的。但是150米以上的高度，高度增加，电离却显著地增加。他还发现，辐射的强度是日夜都相同，所以他认为射线不是由太阳照射所产生的。赫斯的探测结果，证明了这些射线是来自太空，不受地球和太阳影响。这种辐射射线，最先称为"赫斯辐射"，1925年正式命名为"宇宙射线"。

赫斯

赫斯认为应该提出一种新的假说："这种迄今为止尚不为人知的东西主要在高空发现……它可能是来自太空的穿透辐射。"1912年赫斯在《物理学杂志》发表题为《在7个自由气球飞行中的贯穿辐射》的论文。

1914年，德国物理学家柯尔霍斯特将气球升至9300米，游离电流竟比海平面大50倍，确证了赫斯的判断。

赫斯的发现引起了人们的极大兴趣，从那时开始，科学界对宇宙射线的各种效应和起源问题进行了广泛的研究。最初，这种辐射被称为"赫斯辐射"，后来被正式命名为"宇宙射线"。当时，许多物理学家怀疑赫斯的测量，并认为这种大气电离作用不是来自太空，而是起因于地球物理现象，例如组成地壳的某种物质发出的放射性。现在认为，宇宙线是来自宇宙空间的高能粒子流的总称。

后来，赫斯又在高楼、高山和海洋上，进行测量，更进一步证明了宇宙射线的存在。由于这一研究的功绩，1936年他获诺贝尔物理奖。

现代的宇宙线探测有以下两种方式：

直接探测法——10^{14}eV以下的宇宙射线，通量足够大，可用粒子探测器直接探测原始宇宙射线。这类探测器需要人造卫星或高空气球运载，以避免大气层吸收宇宙射线。

间接探测法——10^{14}eV以上的宇宙射线，由于通量小，必须使用间接测量，分析原始宇宙射线与大气的作用来反推原始宇宙射线的性质。当宇宙射线撞击大气的原子核后产生一些重子、轻子及光子(γ射线)。这些次级粒子再重复作用产生更多次级粒子，直到平均能量等于某些临界值，次级粒子的数目达到最大值，称为簇射极大，在此之后粒子逐渐衰变或被大气吸收，使次级粒子的数目逐渐下降，这种反应称为"空气簇射"。地球地表的主要辐射源是放射性矿物，空气簇射的次级粒子是高空的主要辐射源，海拔20千米处辐射最强，100千米以上的太空辐射则以太阳风及宇宙射线为主。

在现代物理学发展史中，宇宙射线的研究占有重要的地位，许多新的粒子都是首先在宇宙射线中发现的。近年来宇宙射线研究取得了很大成就，人们越来越认识到宇宙线和粒子物理、天体物理密不可分，宇宙射线研究已经成为探索宇宙起源、发展历史、天体演化、空间环境等科学之谜的极为重要的途径。

持续不断的实验与火箭发射

20世纪初，"宇航之父"、苏联科学家齐奥尔科夫斯基发表了一系列有关火箭和宇宙航行的论文，从而奠定了火箭技术的理论基础。

齐奥尔科夫斯基1857年生于沙皇俄国的一个小镇，父亲是一个林业职员。10岁那年，由于患严重的猩红热，齐奥尔科夫斯基完全失去了听力。那时候，谁肯收留一个聋子读书呢？他只得在家里自学。不久，他母亲又死了。后来，齐奥尔科夫斯基到了莫斯科，靠一日三餐的黑面包，坚持自学。

在此期间，齐奥尔科夫斯基对星际飞行的知识发生了极大的兴趣。慢慢的，他一步步走上了艰苦的宇航研究之路。1903年，他发表了《用反作用装置探索宇宙空间》的论著，明确指出了使用火箭进行星际飞行的可能性，并提出了液体火箭的问题。虽然齐奥尔科夫斯基的理论和实践受到了当时俄国当政者的鄙视，甚至有人骂他是疯子。但是为了科学的进步，他坚持不懈地努力着。

十月革命后，齐奥尔科夫斯基在苏联政府的关怀下，发挥了聪明才智，使火箭技术的理论更加完善。1935年，宇宙技术的先驱，齐奥尔科夫斯基最后看了一眼闪闪的繁星后，离开了人世。

世界上第一个把火箭理论引入实际实验并研制出液体火箭的是美国科学家

齐奥尔科夫斯基

罗伯特·戈达德。这是一个富于创造力的勇敢的人，在读高中时他曾满有信心地说："很难说什么是不可能的，昨日之梦就是今日的希望，明日的实现。"

很不幸，戈达德长大后患了肺结核。为了搞实验，他只得当了教师。他不顾虚弱的身体，含辛茹苦，节约开支。他终于研究出了液体火箭。

1925年11月，他试制出的5.5千克的液体火箭成功地燃烧了27秒钟。第二年的3月16日，戈达德在农场做了火箭发射的实验。火箭上升12米后拐弯，又飞行了近60米后落地。这整个过程不过25秒钟，可这短短的25秒即预示着液体火箭实验成功了，戈达德当时高兴劲就甭提了。他激动地说："这一下我可创造了历史！"到了第二次世界大战期间，戈达德的火箭的速度已超过了音速。

与此同时，德国的赫尔曼·奥伯特也积极研制火箭。1929年，奥伯特和三名助手一起，进行了液体火箭的实验。

在此期间，奥伯特的助手冯·布劳恩对火箭的技术发展起到了重要作用。布劳恩自幼数学成绩突出，13岁时，他读了奥伯特的《乘火箭奔向星际空间》这本书，激发了他探索宇宙的浓厚兴趣。

布劳恩22岁时就获得了博士学位，后来就成了仰慕已久的奥伯特的助手。1944年1月，他所领导的研究小组研制出V-1型火箭。同年9月，V-2型火

罗伯特·戈达德

箭在军队中服役，很快就被德国政府用于战争中。V-2型火箭从德国本土点火上天，迅速穿过英吉利海峡，然后转向伦敦市区落下，引起了巨大的爆炸，弹着点周围的一切都被破坏了。一连几个月伦敦笼罩在大火之中，市区的一部分变成了废墟。

以后，布劳恩又主持了美国第一颗人造卫星运载火箭的设计制造工作，继而又主持了"阿波罗"登月计划的实践，为美国的宇航事业作出了杰出的贡献。

苏联在战后也加紧了火箭技术的研制工作，其中的杰出人物是谢·巴·柯罗廖夫。

少年时代的柯罗廖夫并不是一个天资过人的孩子，但是他勤奋好学，求知欲很强，这使他逐渐养成了一种钻研精神和认真的学习态度。高中毕业以后，他便确定了研究火箭的志向。

1933年，苏联第一枚液体火箭研制成功，爬高达到400米，这里面就有柯罗廖夫的一份功劳。正当他施展才华的时候，飞来的横祸使他的生活骤然起了变化。

1937年，苏联肃反扩大化，柯罗廖夫未能幸免，被扣上"间谍"的帽子，被捕入狱。以后他被流放到西伯利亚。在流放期间，除了繁重的劳动外，还要承受政治上的折磨。但是，他致力科学的决心没有变，流放期间他抓紧时间掌握了三门外

V-2型火箭

语。第二次世界大战后，他的境况有所好转，又开始了火箭的研究。由于他精通德语，所以他和德国技术人员一起，很快就掌握了V–2型火箭的制造技术。1957年8月，他主要参与研制的导弹发射成功。并在当年10月，把第一颗人造地球卫星送上了天。

以后他又研究了载人宇宙飞船的发射及回收技术。1961年4月12日，加加林乘"东方"号飞船成功地绕地球飞行，并安全着陆，这其中很大一部分是他的功劳。

美国的登月试验与人类首次踏上月球

1961年4月12日，发生了一件令美国人恼怒的事：苏联宇航员加加林首次进入太空。刚从床上被叫醒的美国总统肯尼迪，知道消息后十分震惊，因为这表明苏联在航天技术上已领先美国一步，也就是说在科技竞赛中美国处于劣势了。"这是继苏联第一颗人造地球卫星上天之后，美国民族的又一次奇耻大辱！"肯尼迪愤愤地说道。为了迎接苏联人的太空挑战，美国人决心不惜一切代价，重振昔日科技和军事领先的雄风。

肯尼迪召集美国有关部门头脑们商量对策，宣布："美国最终将第一个登上月球。"1961年5月25日，肯尼迪在题为"国家紧急需要"的特别咨文中，提出在10年内将美国人送上月球。他说："我相信国会会同意，必须在本10年末，将美国人送上月球，并保证其安全返回""整个国家的威望在此一举"。于是，美国航宇局制订了著名的"阿波罗"登月计划。

阿波罗是古代希腊神话传说中的一个掌管诗歌和音乐的太阳神，传说他是月神的同胞兄弟，曾用金箭杀死巨蟒，替母亲报仇雪恨。美国政府选用这位能报仇雪恨的太阳神来命名登月计划，其用心可想而知。

但是，建造这样一艘登月船也不是轻而易举的。两个月后，美国科学家为实施"阿波罗"登月计划拿出了四种方案，即"直接登月""地球—轨道会合""加油飞机""月球表面会合"，但是，每种方案随后都表明存在着

"阿波罗"11号登月舱

各种不易解决的问题。

正当美国科学家们和政府首脑犹豫不决时，一位名叫约翰·霍博特的太空署工程师提出了第五种方案——"月球轨道会合"方法，这种方法的要点是：从地球上发射一支推力为750万磅的"土星"5号火箭，将装载三个宇航员的"阿波罗"太空船推向月球。"阿波罗"太空船绕着月球轨道运行，但整艘太空船并不在月球上降落，而是分离出一艘小的登月舱。登月舱带着两名宇航员依靠倒退火箭抵达月球表面，第三名宇航员则留在太空船上。当他的两个同伴在勘查月球表面时，他一路环绕月球飞行。当勘查工作完成后，月球上的两位宇航员就引发登月舱上的火箭，重新和太空船会合。三名宇航员乘坐太空船，引发火箭回到地球上来。于是，科学家们决定采用"月球轨道会合"法。

为了实现这个宏伟的计划，美国国家航宇局的科学家和工程师，要设计制造出一艘宇宙飞船"阿波罗"号，它的大小与火车头相近。为了发射这个飞船，还要制造出一个与足球场差不多长的火箭。此外，科学家们还要建起一座大型的太空中心——月球港，它要拥有车间、试验室和办公室，并且在全世界建立一系列的跟踪站；他们为宇航员们建立了训练中心，在这个中心里，同时建造了"登月模拟装置"。

美国为登月飞行进行准备的四项辅助实验计划是：

（1）"徘徊者"号探测器计划（1961—1965年）：共发射9个探测器，在不同的月球轨道上拍摄月球表面状况的照片1.8万张，以了解飞船在月面着陆的可能性。但探测器曾多次发射失败。

（2）"勘测者"号探测器计划（1966—1968年）：共发射5个自动探测器在月球表面软着陆，通过电视发回8.6万张月面照片，并探测了月球土壤的理化特性数据。

（3）月球轨道环行器计划（1966—1967年）：共发射3个绕月飞行的探测器，对40多个预选着陆区拍摄高分辨率照片，获得1000多张小比例尺高清晰度的月面照片，据此选出约10个预计的登月点。

（4）"双子星座"号飞船计划（1965—1966年）：先后发射10艘各载两名宇航员的飞船，进行医学—生物学研究和操纵飞船机动飞行、对接和进行舱外活动的训练。

美国从1966年到1968年共进行了6次不载人飞行试验，在近地轨道上鉴定飞船的指挥舱、服务舱和登月舱，考验登月舱的动力装置。1968—1969年，发射了"阿波罗"7、8、9号飞船，进行载人飞行试验。主要作环绕地球、月球飞行和登月舱脱离环月轨道的降落模拟试验、轨道机动飞行和模拟会合、模拟登月舱与指挥舱的分离和对接。按登月所需时间进行了持续11天的飞行，检验飞船的可靠性。1969年5月18日发射的"阿波罗"10号飞船进行了登月全过程的演练飞行，绕月飞行31圈，两名宇航员乘登月舱下降到离月面15.2千米的高度。

"阿波罗"飞船由指挥舱、服务舱和登月舱三个部分组成。

指挥舱是宇航员在飞行中生活和工作的座舱，也是全飞船的控制中心。

登月三人组:尼尔·阿姆斯特朗、艾得温·奥尔德林和迈克尔·柯林斯

指挥舱为圆锥形,高3.2米,重约6吨。指挥舱分前舱、宇航员舱和后舱三部分。前舱内放置着陆部件、回收设备和姿态控制发动机等。宇航员舱为密封舱,存有供宇航员生活14天的必需品和救生设备。后舱内装有10台姿态控制发动机,各种仪器和贮箱,还有姿态控制、制导导航系统以及船载计算机和无线电分系统等。

服务舱的前端与指挥舱对接,后端有推进系统主发动机喷管。舱体为圆筒形,高6.7米,直径4米,重约25吨。主发动机用于轨道转移和变轨机动。姿态控制系统由16台火箭发动机组成,它们还用于飞船与第三级火箭分离、登月舱与指挥舱对接和指挥舱与服务舱分离等。

登月舱由下降级和上升级组成,地面起飞时重14.7吨,宽4.3米,最大高度约7米。下降级:由着陆发动机、4条着陆腿和4个仪器舱组成。上升级:为登月舱主体。宇航员完成月面活动后驾驶上升级返回环月轨道与指挥舱会合。上升级由宇航员座舱、返回发动机、推进剂贮箱、仪器舱和控制系统组成。宇航员座舱可容纳两名宇航员(但无座椅),有导航、控制、通信、生命保障和电源等设备。

1969年7月16日,阿姆斯特朗与柯林斯、艾德林三名美国宇航员一起进行登月飞行试验。到达月球后,柯林斯停留在轨道上,阿姆斯特朗乘"小鹰"号月球着陆器登上月球表面,避开月球冰砾,在宁静海平稳着陆。阿姆斯特朗和艾德林在月球表面进行了2小时30分钟的活动,进行科学实验,采集岩石和土壤样品,留下进行实验的科学设备与纪念其着陆的徽章。他们于7月21日离开月球,7月24日返回地球。

卡普坦的观测实验与银河系研究法

　　荷兰天文学家卡普坦于1878年受聘担任格罗宁根大学天文学和理论力学教授，在那里工作了44年。当时该校没有天文台，困难重重，一无资金来源，二无适宜的天文观测自然环境。当地多风沙，工业烟雾污染又严重。有几年他只得利用休假机会到莱顿天文台进行恒星测量，但这总不是个办法。

　　要研究银河系结构，就必须拥有大量高精度的恒星观测资料。怎么办？天无绝人之路。卡普坦决定以方法取胜，斗智闯关。

　　当时照相术在天文观测中刚开始应用，卡普坦立即以自己深邃的洞察力预感到这一新技术的应用将开辟出广阔的新天地。他决定走学术合作攻关的道路，从其他天文学家处收集各种恒星照相底片资料，专门从事底片测量、归算和整理分析工作；另一方面他在此基础上从事银河系结构和动力学理论的研究，从而扬长避短，优势互补。

　　全面观测整个天空的恒星分布状况，是研究银河系结构的首要前提，但是当时的天文观测活动绝大多数都集中在北半球。编制一部南天星表，是当时天文界的当务之急。1881年，南非好望角天文台台长吉尔用口径15厘米的天体照相仪研究彗星，意外地发现恒星背景底片非常清晰，萌发了用同一仪器摄制南天照相星图的计划。1885年底，卡普坦知悉这一信息，便主动写信给吉尔，要求承担所有照片的测量、归算和星表的编制工作。吉尔非常高兴能找到如此合适的合作者，因为这是一项浩大而艰

卡普坦

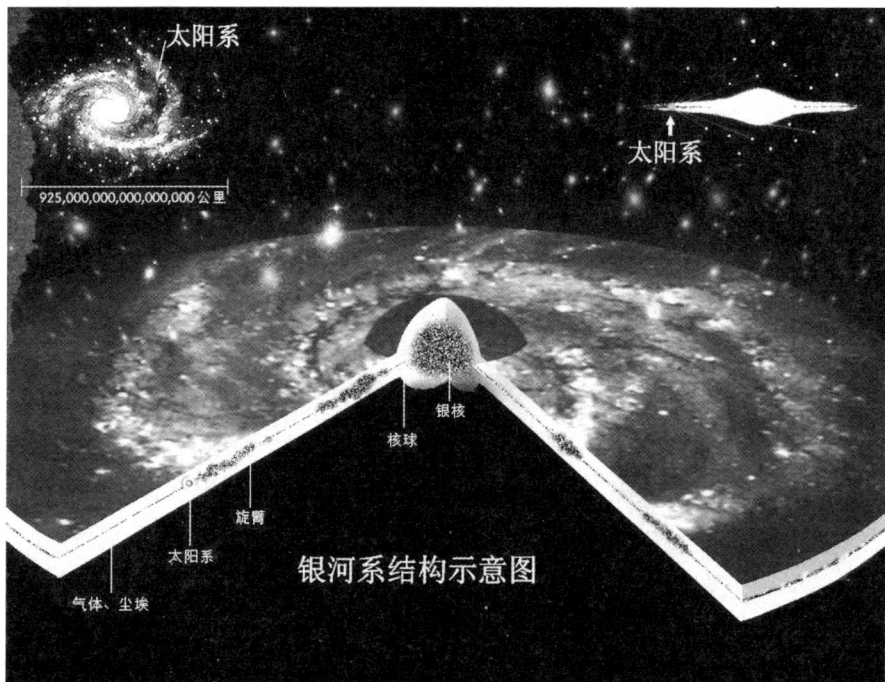

太阳系

太阳系

925,000,000,000,000,000公里

银核

核球

旋臂

太阳系

气体、尘埃

银河系结构示意图

银河系总体结构

难的铺路工作，足以使人望而生畏和生厌。吉尔用了6年时间，于1891年完成了亮于10星等的南天照相星图。卡普坦从1886年开始定期从吉尔处获得恒星照相底片，原以为只要6~7年时间就够了，结果工作量之大、工作之艰难远远超过了原先的估计，其中主要原因在于他对工作精益求精，而条件又太差。

卡普坦以格罗宁根大学生理实验室的两间简陋小屋作为天文实验室，随后又临时借用了一所私人住宅，直至星表发表13年之后才在破旧的生理实验大楼安顿下来。卡普坦身边只有两三名缺乏天文学基础的助手。为保证工作质量，他不得不一一重测助手们测过的每一颗星。由于工作枯燥乏味而又冗长，助手们纷纷逃离，结果有一段时间因为找不到助手只好从监狱的囚犯中去物色对象。人们都说这是囚犯才干的事情。

在卡普坦自任主任的天文实验室里，设备简陋，资金匮乏，除了几台测量恒星照相底片的仪器，几乎一无所有。这是十分奇特的没有天文望远镜的天文台。在这样恶劣的条件下，卡普坦十分注重巧干，也就是方法。反求法是他的主要方法之一。在技术研究领域，反求法是通过解剖别人的产品来找出其组合要素和技术构思，从而揭示技术秘密的一种有效方法。卡普坦将这一方法运用于底片的分析测量，设计了一种测量恒星视向位置的方法。他用一架观测星空的经纬仪去观测底片，使两者距离等于拍摄这些底片时所用望远镜的焦距，这样看底片就等于看星空，从而直接得出恒星的赤道坐标，达到很高的精度。而恒星的星等即感觉到的相对亮度等级的确定，则通过测量星象直径大小按经验公式来求得。

这项繁重而艰苦的工作，花去了卡普坦最年富力强的13个春秋。1900年的钟声响后，《好望角照相巡天星表》才得以最后完成。南天星表中包括赤纬-18°至南极范围内亮于10星等的454875颗恒星的位置和视星等（等级越高则感觉到的亮度越低），恒星密度达每平方度33颗，是当时最权威的波恩星表的2倍，在20世纪50年代以前一直是国际通用的最权威的南天标准星表。英国皇家天文学会于1902年授予卡普坦金质奖章，以表彰他的杰出贡献。

美国天文学家西尔斯曾不无感慨地说过："卡普坦是个独特的人物，是一个没有望远镜的天文学家；但更确切地说，世界上所有的望远镜都是他的。"在20世纪初，国际天文界有两大恒星统计研究中心，一个以德国天文学家冯·泽利格为首，一个以卡普坦为首。前者有精良的天文观测仪器，后者却以两间小实验室起家，没有一架天文望远镜。在令一般人走投无路、深感绝望的境遇中找到一条辉煌的道路，除了魄力之外还得有眼力。卡普坦致力于横向联系以实现优势互补的战略思想和方法，使他其貌不扬的实验室很快成为举世闻名的国际研究中心。

1906年，卡普坦向国际天文界发起了"选择星区计划"，呼吁进行空前规模的巡天观测合作，得到了热烈响应。

在与国际上一些权威的天文学家充分交换意见并得到赞许之后，卡普坦才向全世界正式发表巡天计划。他把全天空分为252个选区，作为抽样统计的样品区。要研究银河系结构，只能对恒星进行统计。但由于暗星太多，要观测所有的暗星显然是不可能的，这就必须采用抽样统计的方法，选取有典型意义的部分样品进行有限观测，然后进行合理的外推，以构建整体模型。

抽样统计法在天文学上的应用，使卡普坦成为18世纪"恒星天文学之父"赫歇尔以后用恒星统计方法研究银河系结构的最杰出天文学家。由于意义的深远和方法的合理，全世界共有43个天文台，包括中国佘山天文台在内，都参加了这一空前规模的国际巡天合作。1907年成立了以卡普坦为主席，其中有著名天文学家皮克林和海尔等人组成的"选择星区"委员会。计划启动后，世界各天文台的恒星观测资料源源不断地涌向卡普坦天文实验室这个中心，并使1900年创刊的《格罗宁根卡普坦天文实验室室刊》一下子成了天文界权威的国际刊物。

选择星区计划分为"系统计划"和"特殊计划"两大部分。前者研究银河系总体结构，把全天分成206个选区，区域中心均匀地分布于天球赤纬0°、±15°、±30°、±45°、±60°、±75°和±90°。后者包括46个特殊选区，针对银河系内具有特殊结构的区域，如恒星密度特别大，或特别小，或有突然变化的区域，以及亮星云、暗星云和大小麦哲伦云等引人注目的区域等，以供专题研究之用。卡普坦倡导的这一计划，直至1964年第12届国际天文学联合会大会召开才宣告胜利结束。

半个多世纪以来，这一选区计划获得了大量极有价值的观测资料，为国际间的科研合作作出了典范，为进一步研究银河系结构和动力学奠定了坚实基础。

1923年，爱丁顿在悼念卡普坦的文章中写道："……他那善于察觉在哪些方面有可能得到发展而且迫切需要发展的直觉、能捕捉模糊线索的丰富的想象力、对所面临的问题的洞察力，以及不为重重障碍所吓倒的毅力——所有这一切都必然有助于他的成功。但要反映卡普坦为天文学所做的一切，我以为，我们必须引用一句古老的格言，即天才的一种形式就是'能无限度地吃苦耐劳'。"

卡普坦的形象，正如天上的星辰，永远闪烁着不灭之光，鼓舞和指引着后人继续前进。

赫茨普龙的观测实验与 "恒星寻宝图"

赫茨普龙，丹麦天文学家。1898年毕业于哥本哈根工学院化学专业，随后到彼得堡工作。1901年在莱比锡著名化学家奥斯特瓦尔德实验室从事光化学研究。翌年因对恒星辐射感兴趣而转向天文学。由于得到著名天文学家史瓦西的赏识，曾跟随他任职于德国哥廷根大学和波茨坦天体物理台。1919年任荷兰莱顿大学天文台副台长，1935年任台长。1945年退休后回丹麦继续从事天文研究达二十多年。因贡献杰出而荣获英国皇家天文学会金质奖章、美国布鲁斯金质奖章等。

少年时代的赫茨普龙，对大自然的奥秘充满了强烈的探索欲望。对照父亲安装在窗上的星图看天上的星座，是他无上的乐趣。赫茨普龙后来偶尔读到化学家汤姆森的一本书，又对神奇的化学着了迷。后来，赫茨普龙进了哥本哈根工学院。

1898年毕业后，赫茨普龙成了一名出色的化学工程师。1901年到莱比锡，在大名鼎鼎的奥斯特瓦尔德手下研究光化学。这是一门研究光辐射的化学机制和过程的新兴学科。翌年因母亲病故，他回到故乡，萌发了研究黑体辐射理论和恒星辐射机制的强烈兴趣，开始在哥本哈根天文台和一个私人天文台从事天文观测和实验。

赫茨普龙的化学并没有白学，成了他研究天文学的优势和特色。他积极调整知识结构，充实天文知识。但作为光

赫茨普龙

化学家，他比任何天文专业出身的人更精通照相术、光谱学和测光术，并迅速找到了新的结合点，因而在照相测光和恒星光谱研究中捷足先登。

从19世纪下半叶起，天文界逐渐认识到恒星表面温度高低是决定光谱类型的主要因素，表面温度逐级下降也反映了恒星演化的序列。1897年，哈佛大学天文台刊布了莫里女士的恒星光谱表，她把光谱分为22型，每型7级，但因种种原因没有引起人们足够的注意。然而莫里分类法却使赫茨普龙受到启发，使他在具体做法上比别人更严格、更合理。

他挑选实验样品相当谨慎，光谱特殊的星、光度会变化的星，以及数据不可靠的星都不要。通过观测和实验，他发现在黄、红颜色的光谱中光度可以相差很大，也就是说晚型光谱型恒星（蓝、白色星称早型星）应分为两大类，即高光度的巨星和低光度的矮星，而且光谱型越晚则巨星和矮星光度越悬殊。

接着，他又研究了巨星和矮星的空间分布，发现"每单位体积中亮红星很少"。他认为红巨星有如鱼中之鲸，体积庞大，数量却少，绝大多数是太阳那样的中型普通星。在此以前，天文界谁也不知道恒星世界里竟有巨人国和小人国存在。更使人啧啧称奇的是，作出这一重大发现的不是几十年如一日观天不止的老牌天文学家，而是涉猎这一领域仅三年多的一位化学家！更令人惊奇的还在于赫茨普龙把他的发现以"恒星辐射"为题发表在非天文专业的德国《科学照相杂志》上，除了一位天文学家偶尔翻到而大吃一惊外，整个天文界还在沉睡之中。这一翻看非同小可，天文学和赫茨普龙的生活都翻开了新的一页！

恒星的物理特征很多，其中表面温度和光度这两个参量是最基本的特征。赫茨普龙以恒星的光度和颜色（表面温度）作为纵、横两坐标来建立关系图。他的直觉使他感悟到这两者之间的相应关系意义重大。而其他人，如爱尔兰的蒙克等人，大都热衷于研究光谱型同恒星自行即相对速度的关系。赫茨普龙利用莫里女士光谱表中19颗晶星团成员星资料，绕过恒星视差测量，即距离量度这块拦路石而找到了一条捷径，因为同一星团内的恒星离地球的距离可看作大致相同。

继1905年的文章之后，经过在天文实验室更加深入的观测实验，1907年赫茨普龙在德国《科学照相杂志》上又发表了同为《恒星辐射》题目的论文，首次以星团成员星容易测定相对亮度的特点来研究光谱型与星等亮度的关系。在一个偶然的机会里，对照相测光深有钻研的德国哥廷根大学天文台台长史瓦西信手翻到这篇文章，不禁拍案叫好，而后他又在学术交流中进一步领略了赫茨普龙的才干。在史瓦西的提携下，赫茨普龙于1909年春天到哥廷根做史瓦西的助手，并担任天体物理学讲师。同年，史瓦西带着赫茨普龙走马上任，担任波茨坦天体物理台台长。1914年第一次世界大战风云突起，史瓦西被迫应征入伍，

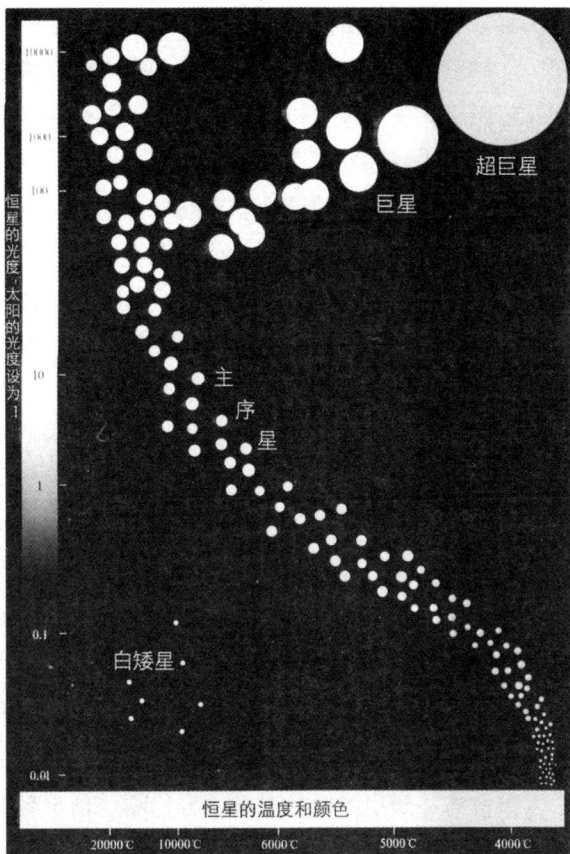

恒星的光度·太阳的光度设为1

超巨星
巨星
主
序
星
白矮星

恒星的温度和颜色

20000℃   10000℃   6000℃   5000℃   4000℃

赫罗图揭示的恒星演化规律

两年后在俄国前线因病去世。正是在波茨坦，赫茨普龙于1911年首次发表了星团的颜色—星等图。实际上，其基本思路在1907年的论文中已经提出；并且1908年他已绘出昴星团颜色—星等图，因自认为精度不够而不愿公之于世，宁可锁进抽屉以待修订。

美国的罗素在1910年也独立地发现了巨星序和矮星序，1913年他发表了第一幅非星团星即场星的光谱—光度图。由于史瓦西的早逝和赫茨普龙的生性谦逊，在20世纪30年代以前，恒星光谱—光度图普遍称为罗素图。1933年后，亏得北欧天文界的努力，人们才如梦初醒，从而把这类统计图公正地定名为赫罗图。赫茨普龙作为赫罗图的最早奠基人是当之无愧、功不可没的。

因为赫罗图对恒星的研究意义重大，号称是"恒星寻宝图"和"恒星生命图"，赫罗图的建立被史家评价为现代天文学发展史上一块辉煌的里程碑。从赫罗图里天文学家可以获得有关恒星的大量信息，例如，可以利用它推算恒星内部结构以建立恒星模型；反之，由于内部结构逐渐演变而在光度和表面温度上表现出来，致使恒星在赫罗图上的位置沿一定的路径移动，从而描绘出恒星生命史的演化程序。而在各类赫罗图中，赫茨普龙最先建立的星团赫罗图对恒星演化研究的意义最大。但他最为谦虚，他对赫罗图的评论就是最好的说明："为什么不叫它颜色—星等图？这样就能马上明白它是说什么的了。"

赫茨普龙头脑敏锐，思路独特；且又治学严谨，勤于实测，做天体模拟实验，从不拍脑袋想当然。他常常动情地说："我们的许多成绩应该归功于前辈天文学家，许多知识是建立在前人观测基础之上的，我们只有通过勤勉的观测来做报答。"例如，他对昴星团的研究从1912年秋天起，在威尔逊山天文台用152.4厘米反射望远镜做了大量拍摄，并从15个天文台收集底片，共作了一万次左右的有效波长测定。赫茨普龙还常说："只要人们努力工作，就会有所发现，有时会有很重要的发现。"小麦哲伦云的距离测定，是对这句话的又一次生动写照。

宇宙岛是历史上对星系的一种比喻，指星系在茫茫宇宙中有如岛屿存在着。1755年，德国哲学家康德就明确提出："广大无边的宇宙"之中有"数量无限的世界和星系"。从此宇宙岛是否存在一直是天文学和哲学的争论热点。直到赫茨普龙最早用造父变星这种光度有规律变化的恒星作为"量天尺"，测定了小麦哲伦云的距离，才破天荒地第一次为宇宙岛这种与银河系同级的恒星系统的存在提供了可靠的依据，并为天体的距离找到了一种新颖而有效的实测方法。

在南半球的星空里，有两个相距约20°的云雾状天体，10世纪的阿拉伯人把它们称为"好望角云"。1521年，葡萄牙航海家麦哲伦在环球航行时首次对此作了精确描述，后人为纪念他，把大云叫做大麦哲伦云，简称大麦云；把小云称为小麦哲伦云，简称小麦云；合称麦哲伦。但是它们究竟是在银河系内还是银河系外仍众说纷纭，莫衷一是。

1912年，美国哈佛大学女天文学家勒维特测定了小麦云内的25颗光度会变化的变星，发现其光变周期和眼睛感受到的其亮度即视星等之间存在一定关系，即周光关系。她发现这种变星周期越长的则亮度也越大，但不知是哪类变星。赫茨普龙反复仔细地研究了勒维特的论文，并进行模拟实验，首先确认小麦云的变星与银河系造父变星同类。他敏锐地察觉到造父变星的周光关系是一把奇妙的量天尺。只要知道银河系里任何一颗造父变星的距离，定出周光关系的零点，就可以用它来求出其他造父变星的距离。1913年，他以当时已知的13颗银河造父变星资料为基础，定出了周光关系的零点，再以之作为标准去求小麦云造父变星的距离，从而求得小麦云的距离约为9.8万光年（30千秒差距）。虽然这一数据同现代通用值相差一半（现测定为19万光年，即63千秒差距。1秒差距＝3.2616光年），其意义仍然重大。如果我们考虑到赫茨普龙当时的小麦云测距是在人类尚未建立正确的银河系结构模型，尚未认识到星际物质的消光作用等历史条件下作出的，则即使在今天我们也不得不惊叹他的这一重大历史功绩。因为这是人类第一次证实了河外星系即"宇宙岛"的存在，是人类又一次打破以往测量极限的历史性飞跃。

1929年，在赫茨普龙荣获金质奖章的授勋仪式上，英国皇家天文学会主席菲利普斯正确地评价说："赫茨普龙之所以能取得种种杰出成就，不仅是由于他富有创见，能敏锐地察觉和机警地捕捉新的线索，而且还由于他是一个一丝不苟而聪明灵巧的观测家。"

太空行走实验

航天员进行太空行走不同历史时期其目的不一样的。当1965年3月苏联航天员阿里克谢·列昂诺夫第一次由"上升"2号飞船飞出舱外时，其目的有两个：一是在载人航天活动中进行一次技术性的突破，二是使苏联在航天技术方面走到了美国前边，在全世界产生重大影响。美国也不甘示弱，同年6月，美国人怀特在乘双子星座4号飞船飞行时也飞出舱外。从此，出舱活动的技术就为两家所共有，在这时人们才谈到太空行走的实用意义。

从多次出舱和登月过程中的月面活动看来，太空行走的作用和意义是巨大的，其近期的意义与作用是完成太空作业。例如，修复载人航天器或其他航天器上的受损部件。美国人曾通过太空行走修复了"天空实验室""太阳峰年卫星"和"哈勃"空间望远镜。组建空间站。苏联航天员则通过太空行走修复过礼炮号空间站和组装、维修和平号空间站。当前正在建造的国际空间站，更是需要航天员进行多次出舱活动，才能在轨组装建成。登月活动更是体现了航天员在太空行走和太空作业的巨大作用，为人类进入外层空间和其他星球打下了良好的基础。

太空行走第一人

1965年3月18日，苏联发射载有别列亚耶夫、阿里克谢·列昂诺夫的"上升"2号飞船。飞行中，阿里克谢·列昂诺夫进行了世界航天史上第一次太空行走，他在离飞船5米处活动了12分钟，他离开"上升"2号飞船密封舱，系着安全带实现了到茫茫太空中行走。人类进入太空飞行后，开始只在宇宙飞船、空间站或航天飞机的密封舱里生活。后来由于空间活动的需要，宇航员穿着宇宙服试验到舱外活动。列昂诺夫开创了地球人类太空行走的先例。阿里克谢·列昂诺夫穿着一种新型宇宙服，内衣是由通心粉状的管子盘成的，管子总长100米。管内流过的冷水能吸去航天员身上散发的热量，并排放到宇宙空间去。在这种内衣外再罩上一层一层外套，套上同样多层的手套，穿上金属网眼靴子，戴上增强树脂盔帽，就能保证到密封舱外安全活动了。1965年，苏联航天员阿里克谢·列昂诺夫走出了"上升"2号飞船，从而成功实现了人类第一次在太空的出舱活动。这次太空出舱活动使理论付诸实践，从此真正打开了太空的大门。

这是一次非同寻常的航行。虽说飞船从升空到返回地面不过26小时，阿里克谢·列昂诺夫和他的指挥长别利亚耶夫却多次在生与死的边缘徘徊。万无一失向来是人类探索太空时的基本准则，而此次航行遇到的意外之多足以载入吉尼斯世界纪录。

苏联太空行走的计划实施得确实匆忙，因为美国同时也在进行这方面的研究。出于安全考虑，苏联率先向轨道上发射了一艘不载人的侦察飞船，以收集太阳辐射、高能量粒子流等各种因素将对航天员身体造成的影响的数据。然而，飞船在返回地面过程中却意外地启动了

裹脐带式行走

自爆程序，关乎航天员生命的珍贵数据就这样消逝得无影无踪。

两位航天员很清楚期待他们做出怎样的选择：美国几乎已经准备就绪，虽说他们的航天员只是准备把手伸到飞船外面，但这也将被宣传为人类首次进入太空。

飞船刚一起飞就遇到了麻烦，本来预定进入距地球30万米的轨道，实际高度却达到了50万米。不过，真正的险情还在后面。列昂诺夫穿的是一套多层特制宇航服，它不仅能保持恒温，还有可以支持航天员在太空工作一个小时的生命保障系统。地面气压训练室只能模拟相当于距地球9万米高空的气压，而航天员走出飞船时周围则是真空状态。

为了防止宇航服膨胀变形，阿里克谢·列昂诺夫特地在上面系上了许多条带子。完成太空行走后，他突然发现因为宇航服发生膨胀自己已经无法返回飞船了。列昂诺夫果断地调低了生命保障系统的气压。

阿里克谢·列昂诺夫是头朝前进入飞船的，他这样做是为确保手中的摄像机万无一失，可是关闭舱门却成了一件难事。该舱断面直径只有120厘米，而宇航服的高度是190厘米。阿里克谢·列昂诺夫拼命旋转着身体。虽说从发现宇航服膨胀到关闭飞船舱门前后不过210秒钟，阿里克谢·列昂诺夫所承受的心理和生理压力却是难以想象的：他的体重减少了数千克，每只靴子里积聚了3升汗水。

1965年6月5日，美国宇航员怀特也走出双子星座4号飞船的密封舱，在太空行走了20分钟。完成了目视观测、拆卸工作及其他实验。该飞船上装有气闸舱，因此列昂诺夫还是从气闸舱进行出舱活动的第一人。

自从载人航天以来，宇航员已实现了近百次太空行走。但在1984年以前的60多次太空行走中，宇航员不仅必须穿上特制的宇宙服，而且还要使用安全带和供给氧、电的"脐带"与航天器连接在一起，以防在太空中飘走。

1965年6月3日，美国发射载有航天员麦克迪维特上尉和怀特上尉的"双子星座"4号飞船，绕地球飞行62圈。怀特到舱外行走21分钟，用喷气装置使自己在太空中机动飞行。这是美国第一次太空行走。怀特乘坐的双子星座4号飞船，该飞船上没有安装气闸舱，因此是直接打开舱门出舱的。由于双子星座飞船是乘载两名航天员，两名航天员同在一个座舱内，因此当怀特打开舱门后，坐在舱内的另一名航天员麦克迪维也暴露在宇宙真空环境中。如果按照苏联的定义，只要航天员暴露在宇宙真空环境中就算进行了太空行走，因此麦克迪维就是"没有出舱坐在座椅上进行的太空行走"。可惜美国不承认这种定义，因此麦克迪维仍然不能排列在太空行走的航天员名单之内。

1984年2月7日，两名美国宇航员，当他们从航天飞机"挑战者"号中自由飞出后，首次成为两颗人体卫星。这一由宇航员布鲁斯—麦坎德利斯和罗伯特—L—斯图尔特创造的奇迹，是对一种可保证人类在太空中随意工作的装置的试验。麦坎德利斯首次解开系绳在太空行走了170米。

自由式行走

1984年7月17日，苏联发射"联盟"T12号飞船升空。船上载有扎尼拜科夫、沃尔克和女航天员萨维茨卡娅，与"礼炮"7号空间站—"联盟"T10号飞船联合体对接。她于1984年7月25日从礼炮7

号空间站上进行了太空行走，她与另一名男航天员一起出舱，25日，萨维茨卡娅和扎尼拜科夫一起进行了3小时35分钟的舱外活动。萨维茨卡娅成为世界上第一位在太空行走的女性。

太空行走环境

太空处于真空状态，没有大气层的保护，温度变化很大，太阳照射时温度可高于100℃，无阳光时温度可低于-200℃，同时存在各种能伤害人体的辐射。为保障航天员在出舱活动中能安全、健康和有效地完成任务，需要有出舱航天服、航天员在舱外乘坐的机动装置、完成任务所需的工具、固定航天员身体的设备及安全带等装备。舱外航天服是出舱活动中最重要的装备，相当于一个微型航天器。它将航天员的身体与太空的恶劣环境隔开，并向航天员提供大气压力和氧气等维持生命所需的各种条件。由于宇宙飞船、空间站、航天飞机这些载人航天器密闭舱内的人造气压、空气组成基本与地面相同，因此人体内吸有一定量的氮气，而航天服内的气压较低，仅为大气压的27.5%，航天员如果猛然出舱，遇到低气压后血液供应不上，溶解在脂肪组织中的氮气游离出来却不能通过血液带到肺部排出而形成气泡，可能造成气栓堵塞血管，引发严重疾病。所以航天员出舱前需要吸取纯氧，将体内氮气排出，以排除隐患。

在太空行走的航天员由于没有参照物，无法分清物体的远近大小，并判断其速度快慢，如无保险措施，很容易丢失在茫茫太空中而成为人体卫星。所以太空行走需要采取保险措施——用安全带将航天员与航天器连接起来，防止航天员在太空中走失。

为了防止减压病，航天员在出舱活动之前还要进行吸氧排氮。生活在地球表面时，人体受到大气层的压力为一个大气压，人体在这样的压力下不仅生活正常，与外界气体交换也正常。但是，如果外界气压下降过大，人体组织内的气体因外界压力低往外逸出。氧气是人体需要的，逸到哪里都可以。但氮气往人体组织外逸出就会使人体产生皮肤发痒、关节与肌肉疼痛、咳嗽和胸闷等症状。这种从高压变成的低压所引发的病就是减压病。如果所设计的载人航天器乘员舱采用的是接近地面大气的压力制度，航天员进入航天器内时就不必进行吸氧排氮。如果所采用的是半个大气的压力制度（60%氮，40%氧）时，航天员在进入载人航天器之前，就要把体内多余的氮气排出，用氧气代替它。这是因为在一个大气压的普通空气中生活时，人体中氧气只占21%左右，而氮气约占79%。

航天员到舱外活动时，他身穿的航天服系统中的压力比舱内的压力要低，目前载人航天中使用的航天服只有低压航天服，还没有研制出实用的高压服装（航天服中的压力太高，不仅在工程实现上难度很大，还会使航天员的运动和工作操作发生困难）。所以航天员在出舱（舱内采用一个大气压的压力制度）准备，穿低压航天服之前必须把体内多余的氮气排出，用氧气来代替它，其方法就是吸入纯氧。这一过程则简称为吸氧排氮。吸氧排氮还涉及到时间问题，如果航天服内的压力相对较大，或者说它与舱内压力水平接近，而且舱内的含氧量大，则吸氧排氮的时间就短，反之则长。

最伟大的机械实验

ZUI WEI DA DE JI XIE SHI YAN

莱特兄弟的试验与飞机的发明

威尔伯·莱特和奥维尔·莱特兄弟的父亲老莱特是一位主教，是个受人尊敬的、乐于助人的人。但是他不相信人能飞上天。据说有一次，他与一个大学校长谈话时说："我看科学已不能再发展了，能够发明的东西也都发明出来了。""我不同意您的看法，"大学校长说，"依我看，50年后，人还可以像鸟一样飞！""你这是胡说！"老莱特说道。"只有天使安琪儿才能飞行，而安琪儿是上帝创造的！"这个老主教怎么也不会想到，能让人类在天空自由飞翔的，竟然就是他的儿子们。

老莱特是很爱他的孩子们的。有一次他外出回家，给孩子们带回来一个奇特的礼物，一个以橡皮筋为动力的竹蜻蜓。只要把皮筋旋紧，一松手，它就能飞上天空。孩子们高兴极了，玩得爱不释手。这个玩意儿也深深地启发了他们。过去他们只知道鸟儿能飞，蝙蝠能飞，蝴蝶、蜜蜂和许多昆虫也能飞，他们没有想到，人自己做的东西竟然也能飞上天呢！从那时起，他们便喜欢上了一切能飞的东西。

在父母的支持下，莱特兄弟俩受完了中等教育。后来，他们独立谋生了，凭着聪明和勤奋，成为优秀的自行车制造和修理工。而通过这份工作所获得的金钱和机械加工技术，最终为他们制造飞机奠定了坚实的基础。

在这一时期，莱特兄弟始终没有失去对飞行的巨大兴趣，时时关注着一些人"飞天"的消息。其中，德国人奥托·李林达尔一次次的滑翔飞行最使他们心醉。

李林达尔是一个伟大的实践者，他一生都热心于人类飞上天的事业，曾做过两千多次固定翼滑翔机飞行试验。不过，他思想上始终认为人类将来一定能像鸟儿一样扑动着翅膀飞上天空。他的成功滑翔，为后人提供了极为丰富的经验。1896年，李林达尔在一次滑翔中试验一种新的操纵方法，结果因滑翔机突然减速栽下，献出了宝贵的生命。

李林达尔的死引起了人们的震惊，也引起了人们对人是否能飞上天的怀疑。但莱特兄弟知道了之后，却对他充满了敬佩之情，并下定了要为航空事业献身的决心。他们开始通过各种途径寻找一切有关航空的书籍认真学习，还常去野外认真观察鸟类，特别是鹰的滑翔飞行。这一切使他们坚定地认为，人一定可以飞上天。不过，吸取他人的经验教训，选择一条正确的上天之路，才是最重要的。

重于空气的飞行器要上天飞行，有许多问题需要解决。其中最关键的问题是：动力、升力、稳定和操纵。对这几个

莱特兄弟

问题的认识，是经过无数人的努力甚至牺牲，才逐渐成熟以至达到突破的。

在李林达尔死后三年中，莱特兄弟进行了极为艰苦的学习和探索。动力问题，根据前人的经验，可利用从高处下降时重力做功得到暂时解决。这样，他们从研究无动力的滑翔机入手，开始了漫长的创造之路。

1899年，他们制成了一架双翼的滑翔机——与其说是飞机，倒不如说是一架大风筝。不过这风筝的翼可以通过人的操纵产生一定角度的扭曲和弯曲，从而使它在滑翔中初步取得了操纵的横向稳定性和侧向的平衡。

成功的喜悦使他们的试验一发而不可收。

1900年，他们在前一次经验的基础上，制成了第一架真正的滑翔机。为了更好地试验，他们选中了远离家乡的北卡罗来纳州大西洋海滨基蒂霍克的沙丘作为试验场。这架滑翔机，翼展5.18米，人可卧于下层机翼中间操纵。一次次滑翔，使他们掌握了大量前人没掌握的东西，更摸索到了改进滑翔机的方法。

1901年，一架更大、性能更优越的滑翔机造了出来。随后，他们计划并建成了一个自己的"风洞"实验室，以及自制了一些测量仪器。在多次的滑翔和风洞实验中，他们逐渐掌握了机翼形状、大小、飞行速度与升力之间，以及机翼扭动弯曲变化与稳定操作之间的许多规律。他们还发现了前人计算升力公式的错误。在此基础上，逐渐积累并整理出一套计算飞机性能的重要数据。

1902年，第三架性能更好的滑翔机问世了。这架滑翔机已经十分成熟，就是说，只要再给它安上发动机，就可以做真正的以人操纵的动力飞行了。四年多的时间，他们进行了大小一千多次的滑翔飞行试验，克服了许多难以想象的困难，终于基本解决了飞升和操纵问题。下一步，他们开始向人类飞上天空的最后一关——载人动力飞行冲击了。

动力飞行，最重要的是要解决动力机械问题。幸运的是，他们所处的时代，内燃机的制造技术已经成熟，只要把内燃机搬上飞机，动力问题即可解决。

不过，因为当时生产的内燃机没有一样适用于飞机。他们只好自己来设计，改进。经过努力，他们成功地做成一台有12马力的4缸水冷飞行用的发动机。另外，经过细心研制，做成两副直径2.95米的螺旋桨，这就能把发动机的动力变为力量很大的风，依靠风的吹动，解决了飞行的动力问题。

第一架带有发动机的飞机终于在1903年夏天诞生了。他们给它取名为"飞鸟一号"。这架飞机，主要部分是一对双层的大翅膀，骨架用木头做成，表面蒙布，上下翅膀之间，也以木支架连接。远处看去，很像一个双层大书架。发动机装在下层翅膀中间，几乎看不到飞机机身。前面的升降舵和后面的方向舵与大翅膀之间，也以木架连接。飞机没有带轮子的起落架，只有滑橇，以带轮小车支撑助跑起飞，人则趴在飞机下层翅膀上进行操纵。

飞行能否成功？怀着激动和不安心情的莱特兄弟，把"飞鸟一号"运到了基蒂霍克海滨。12月14日，"飞鸟一号"上了轨道，哥哥威尔伯先飞。滑行，加速，离地！威尔伯猛拉升降舵，不想机头抬得太高，速度一下减慢，飞机掉下来摔坏了。他们又花了两天时间，把飞机修好。轮到弟弟奥维尔了。

12月17日，这是航空史上应该永远记住的日子。奥维尔卧在飞机上，稳住激动的心，开始小心翼翼地操纵。滑行，加速！在离地的一刹那，奥维尔

莱特兄弟制造的"飞行者1号"飞机

平稳地拉动了升降舵，飞机一下腾空而起。接着，凭借螺旋桨的推力摇摇摆摆向前冲去。1秒，2秒……整整持续了12秒，飞行了36.58米，成功了！

接着，他们又试验了数次。这一天真是幸运极了，其中有一次飞行，居然在空中停留了59秒钟，飞了259.75米远！要知道，这是人类第一次驾驶重于空气的有动力的飞行器进行飞行啊！

成功的喜悦鼓舞着他们，也促使他们不断地完善飞机的性能。然而当他们宣布飞行成功的消息后，不但没有受到赞扬，反而有人在报纸上攻击他们。对于这些攻击，他们毫不理会，继续进行着试验和改进。只有他们心里最清楚：他们是成功的，而且一定会越来越好！

1904年5月，他们造出了"飞鸟二号"飞机。它与"飞鸟一号"的最大区别，是发动机的马力从12马力增加到20马力。飞行试验的地点，也移到了家乡代顿附近的赫夫曼大草原。他们用这架飞机进行了105次飞行试验。最长的留空时间已达到5分钟，飞行距离4.4千米。但遇到的新问题是在飞机急转弯时操纵不灵，造成失速和失控。

1904年冬天，他们又造出了"飞鸟三号"。在这架飞机上，他们改进了操纵系统，把操纵机翼和方向舵的钢索分开，使它们可以分别操纵。这一改进，飞机的飞行操纵就好多了，转弯、倾斜、做圆周运动和"8"字运动都可以操纵自如了。1905年10月5日，威尔伯驾驶这架飞机，在空中整整飞行了38分钟，航程38.6千米。这次飞行之后，莱特兄弟确定地认为："动力飞行器的时代来到了！"

奇怪的是，他们的成果在很长时间内没有得到社会的承认。当莱特兄弟企图向美国陆军及英国政府出售技术时，均遭到拒绝。1907年，哥哥威尔伯带着新造好的"飞鸟"去欧洲商谈专利和制造事宜，也无功而返。

事情终于有了转机。1908年，威尔伯在法国举行的一次航空表演中，用他新造的那架"飞鸟"，打破了当时所有的飞机航空记录，成为全世界最受瞩目的人。这架飞机，翼展已达12.19米，动力30马力，重量363千克，时速60千米左右，人也可以坐着驾驶了。莱特兄弟的成就，终于得到了世界承认。

在这以后，莱特兄弟对飞机又进行了数次重要改进：在方向舵后增加了固定尾翼，并在其上安装了与前升降舵协调工作的升降舵。这样，飞机飞行的稳定性大大增加了。后来，又增加了轮式起落架以代替滑橇，并最终取消了前升降舵。

最后出现的莱特飞机是在1915年。这架军用单座侦察机有70马力，双翼，已有了精致的外形。在它身上，早期"飞鸟一号"的影子几乎不见，它已是一架地地道道的性能稳定的飞机了。掐指算来，莱特兄弟献身航空事业，已奋斗了近二十年。他们已成为航空界备受尊敬的人。

无轮车的试验与气垫、磁浮列车

从1825年英国人斯蒂芬逊制造出世界上第一台蒸汽机车至今，已经有一百多年了。在这漫长岁月里，火车由蒸汽机车变成内燃机车，然后再变成电力机车，列车的速度也相应得到提高，设备也日益现代化。但无论火车怎样变，它总离不开车轮。这是因为包括火车在内的各种车辆都是在车轮的基础上发展起来的。也就是说，车轮已成为火车的重要的组成部分，也是火车的主要标志之一。

然而，随着火车速度的提高，车轮和钢轨之间的撞击加剧了，引起火车强烈的震动，发出很强的噪音，从而使乘客感到不舒服。不仅如此，由于列车在行驶中所受到的阻力(空气阻力和摩擦阻力)与速度的平方成正比，速度愈高，阻力就增加特别大。因此，在利用车轮滚动行驶的条件下，当火车行驶速度超过一定值(每小时300千米)时，就再也快不了了。

但是，人们总希望火车的速度越快越好。怎样解决这个矛盾呢？20世纪50年代末，有人就提出将妨碍列车速度提高的车轮甩掉的大胆想法。甩掉车轮后，设法使列车像飞机在空中飞行一样，在钢轨上腾空行驶，不就克服了轮子所带来的各种缺点吗！于是，法国、英国、日本、前联邦德国等一些国家便投入研制这种突破传统的火车。到20世纪60年代，没有轮子的火车便随之诞生了。

斯蒂芬逊

火车头和车厢都很重，如何使它们腾空起来呢？科学家通过研究试验，提出了两种解决办法，这就是后来相继出现的不用车轮的气垫列车和磁浮列车。

法国是最早研究气垫列车的国家。20世纪60年代初，法国科技人员利用功率很强的航空发动机向轨道上喷射压缩空气，使列车的车底之间形成一层几毫米至十几毫米厚的空气垫，从而将整个列车托起，悬浮在轨道上面，然后再用后面的螺旋桨式发动机推动列车前进。由于这种列车看起来好像被气垫托起来一样，所以人们把它叫做"气垫列车"，也叫做"气悬浮列车"。

气垫列车试制成功后，法国就在巴黎和奥尔良郊外建成了两条气垫列车试验铁路，这也是世界上最早的气垫列车铁路。其中一条长6.7千米，另一条长18千米，曾分别用试制成的1、2号气垫列车和180-44型及250-80型气垫列车在线路上进行了多次试验。试验的最高速度为每小时422千米，一般速度为每小时200千米以上。250-80型气垫列车长26米，宽3.2米，高4.35米，重2万千克，可乘80人。

后来，英国也进行了气垫列车的研制和试验。

磁浮列车是利用电磁铁与感应磁场之间产生相互吸引或排斥力，而使列车悬浮在轨道上，然后再用与同步线性电机相同的原理产生的推力使列车作无噪音、无摩擦的运行。

英国于20世纪60年代建成了世界上第一条磁浮铁路，位于伯明翰飞机场和火车站之间，全长仅0.8千米。它包括两条平行的轨道，每条轨道上有一辆由两节车厢组成的列车，每节车厢可载40名乘客。列车上无驾驶员，由电脑自动控制。虽然它的最高速度只有每小时37.5千米，但却证明磁浮列车是现实可行的，而且比普通列车优越——能进一步实现列车的高速化。

与此同时，日本很快修筑了高速新干线，制成了"光"式高速电力列车，时速达到210千米，创造了世界列车速度的新纪录，被称为"子弹"列车。然而，"子弹"列车虽然在速度上提高了，但车轮在钢轨上滚动所产生的噪音之大，震动之甚，以及耗能之高和污染之严重，都促使日本铁路部门决心研制性能更好的列车。

英国制成的磁浮列车对日本无疑起了启发作用。于是，日本国铁株式会社在1970年就着手研制开发磁浮列车，并于当年在大阪召开的万国博览会上展出了研制的样车模型。

1972年，日本研制成两种型号的磁浮列车，即ML-100型和LSM-200型磁浮列车。随后，就在长为220米和480米的线路上进行运行试验，速度达到每小时50千米和60千米。根据对这两种型号车进行反复试验的结果，日本铁路部门经研究最后决定：城市间高速客运宜采用超导磁浮列车。于是，日本便加速研制超导磁浮列车。

经过几年的研制，日本于1977年制成了ML-500型超导磁浮列车的实验车。通过两年的试验，列车的运行速度高达每小时517千米，充分证明用超导磁浮方式高速行驶是完全可行的。后来，又制成MIU-001实验车，并用3辆连接运行试验，取得了许多重要数据，为后来制成正式运行的磁浮列车创造了条件。

日本在80年代末制成了MLU-002型超导磁浮列车。这种列车的车体外观呈流线型，车体长22米，宽3米，高3.7米，重1.7万千克，可载44人。车上的电磁铁采用超导体铌钛合金制作。在车体下部的台车两侧，各有3组超导体线圈。列车行驶时，电磁铁与装在地面槽形导轨上的超导体线圈产生的磁浮力达196000牛顿，使车体与导轨之间产生的间隙为110毫米。列车最高时速为420千米，这是由于行车路线较短，使列车的速度受到限制，没有充分发挥出列车的潜力。

超导磁浮列车所用的超导体，是指在一定温度下电阻为零的导体。由超导体制成的电磁铁和线圈由于没有电阻，可以通过很大的电流(超导磁浮列车的线圈通过的电流达900安培)，产生很强的磁场，从而形成强大的磁浮力。然而，与普通导体不同的是，这时既不消耗电能，也不产生热量，从而可减轻电磁铁的重量，使磁浮列车的车体轻量化，进一步提高车速和运载能力。因此，采用超导体材料与不采用超导体材料的效果是大不一样的。

由于磁浮列车行驶的速度很快，为了减少空气对车体的阻力，车体制做成密闭式的，各个部位的外表面都力求平滑，厢板的铆接部位均改成焊接，车窗与车厢板密接，没有突出的棱。车厢内装有空调设备，有自动报站的屏幕，有电视机，每个座席还备有看书看报用的台灯……使乘客进入车厢有宾至如归的感觉，感到安全舒适。

与飞机起降时离不开轮子的道理一样，磁浮列车在启动或刹车时也需要车轮作辅助支撑物。支撑车轮在列车悬空行驶时，藏在罩子里；在需要使用时，可立即放下来。

除英国和日本外，前联邦德国于1971年也研制成MBB型磁浮列车。车体长7.6米，宽2.1米，高1.8米，自重5200千克。车上采用一次线性电动机驱动。接着，又在1973年试制成功世界上最早的超导磁浮实验车。

1984年，前联邦德国制成了当时最快的能载人运行的磁悬浮实验车，最高时速达302千米。到1985年，这种磁浮列车的速度提高到每小时355千米，刷新了自己保持的世界纪录。后来，载人磁浮列车的运行速度纪录又被日本于1987年制成的磁浮列车所打破，时速最高达到408千米。

我国于1989年研制成功磁浮列车实验样车，开创了磁悬浮技术开发利用

磁浮列车

的新纪元。后来，长沙国防科技大学的研究人员仅用了两年时间，于1995年5月研制成我国第一台载人磁浮列车，并成功地进行试验。这台列车长3.36米、宽3米，轨距2米，虽然它还处于实验阶段，但标志着我国磁浮列车的研制已达到当代国际先进水平。

磁浮列车的速度快，噪音小，耗能低，不占地，造价比地铁低得多，因而被人们誉为21世纪的新型交通工具。目前世界各国都在竞相研制这种大有发展前途的车辆，将会使它成为向飞机挑战的地面车辆的佼佼者。

勃朗宁的杰作与勃朗宁手枪

1994—1995年，中国《轻武器》期刊举办了评选"世界十大著名手枪"活动，评选结果，M1935式9毫米大威力手枪以绝对压倒性多数票，荣登榜首。

该手枪又称比利时9毫米勃朗宁大威力手枪，由美国人勃朗宁设计，从问世以来，它已走过半个世纪的风雨历程，特别是经受了第二次世界大战的战火洗礼。战后至今，世界上仍有许多个国家的军队和警察装备此枪。

勃朗宁大威力手枪为何如此受到各国军警和广大枪械爱好者的钟情与青睐呢？

19世纪末，勃朗宁根据欧洲人的特点和爱好，专门设计了一种7.65×17毫米手枪弹，他这一设计被比利时一家非常有名的枪厂——FN公司驻美国康涅狄格州首府哈特福德布的商业代表伯格相中，经总部设在列日的FN公司拍板后，勃朗宁被邀到比利时，从此他与欧洲枪械工业，尤其是与FN公司合作，在那儿设计出许多著名的枪械，直到他逝世为止。

到了欧洲后，勃朗宁认识到1902年德国人乔治·鲁格设计的9×19毫米巴拉具鲁姆手枪弹，威力要比他设计的7.65×17毫米枪弹大，该弹在欧洲堪称大威力手枪弹，有着广阔的市场潜力。而鲁格本人设计发射这种弹的手枪又对他与FN公司构成挑战与威胁。此时已67岁高龄的勃朗宁没有沉湎于功成名就中，他老骥伏枥，又投入了新枪的实验研究中。就在新手枪设计方案跃现在图纸上时，他不幸病死。以后由他学生塞维

勃朗宁大威力手枪

总工程师，继承他的事业，完成了他的遗作，于1935年将新手枪投入生产，并为比利时军队采用，命名为M1935式。

这支手枪是在勃朗宁从事枪械设计生涯数十年，经验积累到顶峰的晚年，经过无数次试验，最终设计完成的。这支新手枪充分体现了他卓越设计才智与水平，加上他殚思竭虑，所以成为一支结构新颖、设计独特的扛鼎之作，不仅成为世界上一支经久不衰、广泛武装的军用手枪，而且它的设计思想也一直影响着美国、乃至其他国家后来手枪的设计。

勃朗宁大威力手枪采用管退式自动方式和枪管偏移闭锁方式，用13发弹匣供弹，枪管长112毫米，枪全长196毫米，枪全重1.1千克，初速354米/秒，实

际射速40发／分，有效射程45米。

这一组简单的性能可能不易引起读者的兴趣与关注，下面谈一下这支手枪的主要特点。勃朗宁以往在FN公司所设计的手枪均是发射小威力手枪弹，自动方式为自由枪机式，即发射时，在火药燃气压力作用下，靠惯性闭锁的枪机后坐，在运动中完成自动动作。闭锁原理是靠枪机，即手枪上的套筒的重量实现惯性闭锁，这种自动方式和闭锁方式用于发射小威力手枪还可以，而用于发射大威力手枪有困难。为此，勃朗宁一反他的往日设计风格，大胆采用了枪管短后坐，即短管退式，这种自动方式首先由马克沁用于他所发明的重机枪，勃朗宁将它用于手枪上。其自动原理是武器发射时，身管和闭锁装置共同向后移动一段距离，然后开锁，此后身管靠本身簧力复进到位，而闭锁机构继续后退以完成抽壳、抛壳，再复进时推一发新弹进膛。在闭锁机构上，勃朗宁应用了他获得专利的枪管偏移闭锁方式，即通过枪管、套筒、套筒座等零部件的有关部位的相互作用，而实现闭锁。这种闭锁方式由于由勃朗宁首创，被人们冠以"勃朗宁闭锁原理"，后来被许多手枪仿效。此外，这支手枪设有齐全的保险机构，弹匣容量大，外形粗犷、豪放、敦实。

勃朗宁一生硕果累累，他所设计的枪炮多达35种，其中不乏经典佳作，为世界名枪，如勃朗宁M1911A1式11.43毫米自动手枪、勃朗宁M1918A2式7.62毫米自动步枪(实际上是轻机枪)、勃朗宁M1919A6式7.62毫米轻机枪、勃朗宁M1917A1式7.62毫米重机枪以及勃朗宁M2HB式127毫米大口径机枪等。其中要特别提到的是M1911A1式手枪和M2HB大口径机枪，前者是军用手枪中口径最大的一种，原枪为M1911式，由勃朗宁设计，1911年由美国国防部长狄克逊宣布武装部队。1926年，柯尔特公司对M1911手枪进行改进，被命名为M1911A1，它在美国一直服役到1985年，为了与北约其他国家统一手枪口径美军才把它撤装。

1918年，在阿果尼森林的战场上，阿克威·约克士兵正试图夺取一个机枪据点，被德军发现，当约克的步枪打完子弹时，6名德国兵端着长枪蜂拥而上，此时约克抽出M1911手枪，冷静地向围攻他的最后面一个敌人开枪。他之所以选择最后一个德国兵作为目标是避免因击倒跑在前面的敌兵，使其余敌兵看到同伴倒下，由于害怕而停下来一起向他开火。于是约克射击一次，打倒后面一个敌人，而其余的毫无察觉，最后倒下去的是跑在最前面的敌兵，此时这名敌兵距他不到10米远。

第一次世界大战中，任远征总司令的潘兴将军看到英国和法国已将机枪口径加大，以对付刚刚出现在战场上的坦克，于是要求勃朗宁搞出一种大口径机枪。勃朗宁从缴获的德国反坦克枪弹受到启发后，夜以继日，在一年半的实验研究中设计与制造出了样枪。

1933年，经过改进后的12.7毫米大口径机枪被命名为M2HB式12.7毫米机枪，这是西方国家唯一一挺大口径机枪，是西方国家与第三世界国家军队的制式装备，直到海湾战争爆发，它仍"老将出马"奔赴战场。

从这几种枪服役时间如此之长，可以看出勃朗宁设计的枪经得起时间的考验，它们堪称"长寿枪""常青枪"。

正是由于勃朗宁在枪械事业上所作出的杰出贡献，他1926年去世时，美国国防部长在祭文中对他作了高度的评价："事实将要记载的是，勃朗宁先生设计的武器没有一件证明是不行的……他的逝世，无疑对美军今后自动武器的发展将产生严重的影响。在自动武器史上，无人对国家的贡献可以与他相比。"

珀西的研制试验与无声枪

自动武器之父马克沁发明1870年式春田步枪时有两个难题困惑着他，一个是后坐力，一个是噪声。马克沁后来征服了后坐力，创造了利用火药燃气的剩余能量来完成发射动作的自动武器。对于噪声，要征服可不容易，但是可以设法减小噪声。1908年3月25日，马克沁申请了可以减小噪声的消音器的专利，专利号是6680。可是对第一个实用的消音器作出贡献的却是马克沁的儿子——海勒姆·珀西·马克沁。

珀西于1908年3月27日，比他父亲晚两天获得了有关消音器的专利，同年7月和11月他又获得改进消音器的发明的专利。1909年6月18日，英国陆军对珀西的消音器进行了实验。实验结果认为，消音器对站在射手附近的人的消音效果明显，对站在靶场另一端的人消音效果不明显。

以后消音器被装在枪上，供一些特种兵和侦察人员用。在第二次世界大战期间，欧洲地下组织广泛装备装有消音器的司登微声冲锋枪，据说，仅微声司登冲锋枪的生产数量在"二战"期间就达50万支。

马克沁父子是如何研制消音器的？他俩了解到枪射击时的响声主要来自膛内高压火药燃气从枪口急剧向外喷射，冲击外界大气，产生激波，膛内压力愈高，产生的声音愈响。其次是射击时武器上运动零部件发出的机械碰撞声以及子弹出枪口后与大气相互作用产生的声音。但主要是火药燃气向外喷射而产生的声音。为了减小这种噪声，可以在枪口安装消音器。

消音器是减小枪口气流噪声的装置。珀西当时研制了两种尺寸的消音器，长型为165.56×33.14厘米，重362克；短型为144.78×33.14厘米，重330克。他的消音器的原理是让子弹通过几层隔膜，使火药气体减压，从而达到消音的目的。

从马克沁父子发明消音器至今，在枪械专家的不断实验改进中，消音技术有了较大发展。按消音的原理，消音器可以分为以下几类：

膨胀型多腔消音器。这种原理的消音器是用有中央弹孔的隔板将消音器内腔分开，弹头通过消音器时，火药气体逐次经过各个腔室膨胀，以降低腔压，从而达到消声的目的。

密闭消音器。在消音器内间隔地局部装入弹性材料或多孔材料，并将口部用弹性材料垫封闭。在弹头飞出消音器之前，火药气体一直保持在消音器内，弹头

消音器分解

加装消音器的微声冲锋枪

一旦冲开封口垫后，火药气体才缓慢释放。

吸热消音器。利用吸热原理使火药燃气冷却，降低气体压力，达到减小噪声的目的。吸热材料多用铜丝网或其他导热性的金属屑、金属丝，有的加入金属网。

枪管开孔消音器。在枪管前段开孔，消音器的后腔包围在枪管的外面，弹头经过枪管气孔时，火药气体进入消音器后腔，并在其中膨胀，当弹头进入消音器的前腔时，枪管内的压力减小，而此时进入后腔的气流方向发生逆转。这种方法能较大限度地缓和枪口气体向外释放过程，有明显的消音效果。

在实际应用上常常是几种方式综合采用。

目前安装消音器的只有手枪和冲锋枪，因为这两种枪发射的是低速手枪弹，安装消音器可以达到一定的消音效果，不过安装消音器的手枪通常叫无声手枪，安装消音器的冲锋枪通常叫微声冲锋枪。它们安装消音器后只是达到了部分的消声，而无法达到完全消声。至于现代高速小口径步枪，其噪声高达150～160分贝，迄今消声效果仍不理想。

无声手枪和微声冲锋枪是供特种部队或侦察兵使用的，有些凶手也利用它们来行凶，因此国外对购买消音器有种种限制和规定。

英格伯格的实验与机器人

美国的英格伯格被誉为"机器人之父"。他1925年7月出生于美国的布鲁克林。

英格伯格从哥伦比亚大学毕业后，曾在海军服役。在第二次世界大战结束之后，他又回到哥伦比亚继续学习。后来在一家公司工作。

1956年的一天晚上，在康涅狄格州韦斯特波特的一次鸡尾酒会上，他偶然遇见了在麻省理工学院工作的发明家德沃尔。

德沃尔在1946年曾发明了一种系统。这种系统能把机器的动作顺序和状况记录、存储起来。之后，再用所存储的信号去控制机器动作，"重演"出先前的动作。

在这次酒会上，德沃尔大力宣传关于机器人的设想：在工厂里，用有记忆能力的、能完成多种操作的机器人来代替人完成那些单调的、重复性的操作。他说："我们应知道，有50%的工人，在工厂里是干那些'拿'和'放'的工作。这些工作都可以由机器人来完成。"德沃尔自己没有足够的资金来研究制造机器人，所以，他在积极寻找合作投资者。

英格伯格当时还仅仅是一家公司的经理。他对德沃尔的印象很好，认为德沃尔是有创造才能的人。英格伯格觉得，德沃尔的想法比介绍的还要好。

他们两人谈得很投机，决心共同研究制造工业机器人。他们参观了一些工厂，认为机器人大有用处。他们决心发展比人廉价的机器人，把人从繁重、单调、艰苦的劳动中解放出来。

古代的自动偶人和自动机，18世纪的仿生机械，19世纪的车床和穿孔卡织布机，20世纪出现的假肢、遥控机械手都为机器人问世打下了基础。当然，影响最大的，还是20世纪40年代中期电脑的出现，由于有了电脑，才使机器有记忆，有学习能力。这是机器人最重要的功能之一。

英格伯格和德沃尔密切合作，共同设计了一台工业机器人。由英格柏格负责设计机器人的"手""脚"和"身体"部分，也就是机械部分。由德沃尔负责设计"头脑""神经系统"和"肌肉"部分，也就是机器人的控制装置和驱动装置。他们筹集了足够的资金，1959年开始制造，终于造出世界上第一台工业机器人，起名叫"尤尼梅逊"，意思是"万能自动"。

这种机器人与人的外形并不相似，但结构组成与人相似：它的基底相当于人体；它有机械手臂、手腕、手爪，与人的手臂、手腕、手爪相对应；使手臂运动的装置叫驱动装置，相当于人的肌肉；它有控制装置，这相当于人的大脑和神经系统。

这种机器人的工作过程是：人用控制手柄，发出指令，使机器手把要求的动作做一遍。机器人就会记住动作顺序及每个动作大小、方向、速度。之后，人就不用去管它，它能自动地周而复始地完成这些动作。这种机器人叫做"示教再现型"机器人，意思是人先教，之后再重现所学的动作。

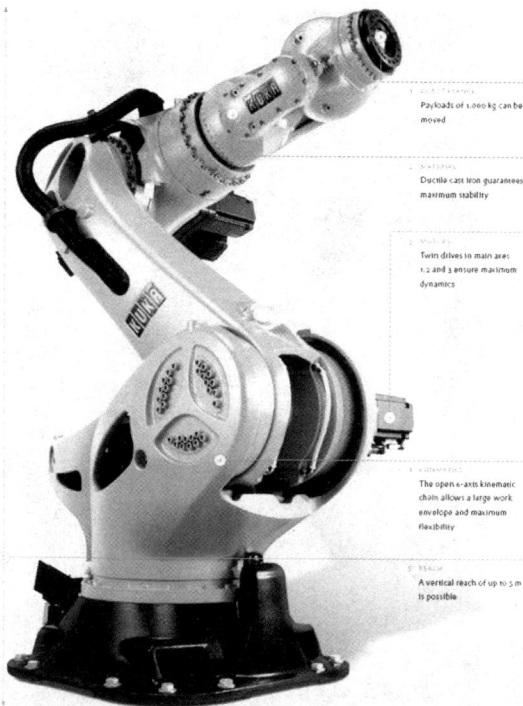

工业机器人

这种机器人可以搬运工件、可以进行焊接、喷漆工作等，所以叫"万能自动"。

1962年，美国的机械与铸造公司制造出另外一种机器人，叫做"沃尔塞特兰"，意思是"万能搬运"。它的组成和工作原理与"尤尼梅逊"大同小异。它主要是用来抓取、运送工件的。后来世界各国争相引进、仿制或自行研制工业机器人，起先都是以这两种机器人为"样板"。

机器人问世后，如何使它在社会上发挥作用

呢？发明家同时也应是实业家。

英格伯格与德沃尔筹办了"尤尼梅逊"公司，这是世界上第一家专门生产机器人的工厂。

机器人刚问世，不是一下子就会给买主带来收益的。新泽西州的通用汽车公司一家工厂，安装了世界第一台工业机器人。由于成本高、安装困难，拖延很久，直到1975年才获利。1962年，普尔门火车车厢公司的董事长，受到机器人前景的吸引，向"尤尼梅逊"公司投资了300万美元，购买了这个公司的51％的股份。1966年，通用汽车公司在俄亥俄州新建工厂时，购买了66台工业机器人，这是"尤尼梅逊"公司第一次重大胜利。为推广机器人，英格伯格主持过多次机器人表演。在约翰尼·卡森展览会上，几个机器人进行了精彩的表演：把一个高尔夫球放到杯子里；指挥一个管弦乐队。一个机器人还出现在啤酒的广告电视节目中。为了引起人们对机器人的注意，只得让机器人表演些"插科打诨当笑料"的内容。

英格伯格为了推广机器人，1967年，他到日本宣传介绍机器人。日本有六百多人听了他的讲演，从下午一直讲到晚上。在这次访问结束时，他允许川崎重工业公司使用"尤尼梅逊"公司的机器人技术。英格伯格后来说："我把机器人的想法卖给了我的竞争者，而不是顾客。"

日本后来在引进、仿制的基础上，很快研制了很多种工业机器人，使机器人技术得到了极大的发展，机器人得到了普遍的应用，并获得极大的效益，日本因而成为机器人王国。

日本本田公司"阿西莫"机器人

现在，机器人已有几十万台，在全世界各个国家安家落户。机器人可以干各种工作，从简单的搬运到复杂的装配工作，效率比工人高，但所花费用比人少。机器人把人从繁重的工作和艰苦的环境中解放出来，代替人干那些人所不能干的活，为人类造福。

范龙、生戴韦昌的实验与纳米机械

近些年来，微米机械、纳米机械有很大发展，并引起人们的注意和重视。

关于微型机械还没有统一的说法。日本东京工业大学一教授对微型机械的定义是：1~100毫米的称为小型机构；1~10微米的，称为微型机构；1微米以下的称为超微型机构。微米是毫米的千分之一。纳米是微米的千分之一。60000纳米才有一根头发丝粗细。

人们早就提出了发展微型机械。20世纪50年代末，诺贝尔奖获得者、著名物理学家理查德·费曼就很有见地地提出微型机械发展问题。他说："如果有一天可以按照人的意志安排一个个原子，那将会产生什么样的奇迹？"

费曼在一次公开讲演时，提出以他私人的1000美元积蓄，征求一部微小的电动马达，体积不得超过1／250000立方英寸。他是以诙谐见称的，但这次却是非常认真严肃，因为他认为，研究微型机械是非常重要的。

从此以后，有不少人拿来只有跳蚤大小的马达，但距要求都相差甚远。一天，有一位叫麦克雷南的工程师拿来一只小箱子。费曼十分不耐烦地看着他打开箱子，箱子里只有一架显微镜。惊人的事情出现了，他用显微镜看见了一只像灰尘粒大小的马达。这是借助微细机床，发挥人的聪明才智创造出来的。于是费曼立即拿出了自己所订的奖金。同时，他审慎地撤消了另一项征求微小书籍的悬赏，他风趣地解释说："现在我已结了婚，也买了房子。"

微型机械多年来虽然受到重视，但都没有得到蓬勃发展。最主要原因是它用"手工"制造，不仅价高，而且量少。

近年来，微型机械取得了突破性进展，最有影响的一件发明是于1988年5

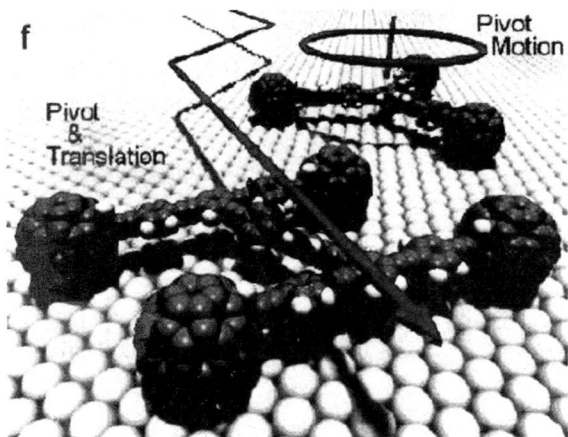

月发生的。

一个周末，加州大学伯克利分校，刚过午夜的校园格外静谧。研究生范龙生和戴韦昌正在进行前人未做过的实验。当一切准备就绪后，他们把硅片上的微型电动机接上电源，逐渐增加电压，有8个极的转子慢慢地转动了起来。于是他们用摄像机拍摄下令人难忘的情景。10天以后，在美国电气和电子工程师学会召开的微细机械讨论会上，他们给与会者一遍又一遍地放映他们所拍摄的录像。这一实验深深地吸引了与会代表。一位头发灰白的工程师说了一句话："这有点像莱特兄弟的飞行。"

的确，这一创造，是有非常重要意义的，因为这种比头发丝还细的微型电动机，是用微电子工艺方法，在硅晶体上"生长"出来的。用这种方法就可以大量生产并且成本很低。

这种制造方法是：在薄如纸张的硅片上加上特殊玻璃做"掩膜层"，并在玻璃上涂一层抗腐蚀胶。这种胶遇到光线照射就会分解消失。当用光射线按一定图案进行照射时，玻璃上防腐胶就按这样的图案消失了。之后，加上化学腐蚀剂，没有抗腐蚀胶掩盖的硅片，就被腐蚀掉一层，形成图案所画的电路。不断地重复上述的过程，就可刻出一层又一层的电路，最后再装上基座和转子，就构成了微型电动机。

德国卡尔斯鲁厄核研究中心的一个实验室，研究制成了一个微型电动机，是用一种把"石印术"和"电镀术"结合起来的加工方法制造出来的。

以上制造微型电动机的方法，基本上都是采用制造集成电路的方法。这样的方法制造出的微型元件、机械器件成本很低，体积可以很小很小。一万台这样的电动机放在一起，才有豌豆粒大小。

近几年，国内外纳米技术迅速发展起来，国外已制成纳米马达，它的定位精度是1纳米，速度是每秒200纳米。纳米的元件受到人们的重视，制出多种纳米级元件。纳米机械将会更快发展，并且会给人类带来无限的好处。

飞机海战试验与航空母舰

1898年，后来担任美国总统的美海军部次长罗斯福接受了史密森学院教授塞姆尔·兰利的建议，决定将载人气球用于海上作战。这一设想竟没有得到海军部的其他领导人的认可，他们认为，载人气球的作战用途只能限于陆地而绝不可能与军舰有缘，从而不给予资助和配合。而美国陆军部也同样以兰利教授的一次实验失败作为借口而拒绝合作，从而使兰利教授的飞行试验最终流产。

1903年12月17日，自行车修理工莱特兄弟乘着他们发明的世界上第一架飞机作了史诗般的飞行表演，完成了美国的首次飞行器载人的成功飞行。1908年，在罗斯福总统的敦促下，陆军部开始对莱特式飞机进行改进，以使它尽快成为军用设备。

正当大多数人认为飞机是陆战兵器的时候，一个独具慧眼的法国人克莱门特·艾德尔于1909年在他的一部名为《军事飞行》的著作中提到了在军舰上驾驶飞机的必要条件。他认为，飞机在军舰上起降需要一个宽敞平坦的起降甲板、甲板升降机、岛式上层建筑、机库。同时，他还认为在军舰上降落飞机就要求军舰本身具备一定的高速度。不过，克莱门特·艾德尔的理论在其祖国却没有受到重视。正因为此，法国人的舰上飞行比对飞行有极大兴趣的美国人及拥有世界上第一流海军的英国人整整落后了10年！

其实，在克莱门特·艾德尔的《军事飞行》发表前的1908年，美国海军中已有一些标新立异的人提出让飞机从一艘战列舰上飞行的设想，但由于这些人仅仅是说说而已，并没有准备尝试。倒是之后的一篇报道引起了美国人的警觉，促使美国人加快了飞机海战的试验。

这篇报道说的是这样一件事：德国人正研究试验，准备让一架携带邮件的飞机从航行在汉堡—美国航线上的一艘德国邮船的前甲板平台起飞，以加快向

德国邮船的前甲板平台起飞的飞机

纽约投递邮件的速度。此消息一在报纸上刊出，美国人当即敏感地猜想：德国当局是不是以邮政作掩护，正在试验一项攻击美国的新技术？美国当局当即任命海军物资局局长助理钱伯斯海军上校为军舰上起飞试验的总负责人。

尽管钱伯斯被任命为试验的负责人，但美国海军部却没有钱资助钱伯斯进行试验。面对困难，钱伯斯没有灰心，他设法动员了对航空事业颇有兴趣的政治活动家、出版商约翰·巴里·瑞安投资。之后，钱伯斯又去说服了飞机设计师格伦·柯蒂斯和他雇用的民间飞行员尤金·伊利，得到了他们的帮助。

1910年1月9日，起飞试验小组在美新型巡洋舰"伯明翰"号的前甲板上方竖起了一个向前倾斜的平台，其他工作也准备就绪，并决定于11月14日在汉普顿锚地试飞。这一决定公布之后，《世界报》发表了一则令人惊奇的消息。原来，为了敲打美国海军，加快舰载飞机试验的进展，《世界报》决定支持一位名叫丁·麦克迪的飞行员于11月12日以"宾夕法尼亚"号邮船起飞试验。非常遗憾的是，麦克迪在启动引擎时，不慎打坏了桨叶，从而使试验流产了。

尽管《世界报》所组织的试验未能获得成功，但它却刺激起尤金·伊利的好胜心。1910年11月14日，"伯明翰"号按规定停泊在汉普顿锚地，远远看去，舰前甲板上方的长25.3米、宽7.3米的木质飞行跑道惹人注目。一架待飞的单人双翼飞机正迎风而立。按计划，应等待军舰迎风航行时才能起飞，但由于狂风骤起，为了能够圆满地完成试验任务，驾驶员伊利仓促起飞。

飞机顺利地发动了，随着螺旋桨的越转越快，机身迅速地向前滑去。由于舰上可供飞机滑跑的距离实在太短，使得飞机在脱离甲板的一瞬间，仍未达到起飞速度。由于速度不够，机翼带来的升力自然不足，只见飞机在滑完

26米的跑道后，机头直往下扎，而且驾驶员同指挥台的通信联系也不知因何中断了。人们惊呆了，以为一场惨剧将不可避免地发生。眼看就要机毁人亡的时候，沉着的伊利巧妙地操纵起飞机的尾水平舵，终于使飞机在即将闯入海面触水而机毁人亡的瞬间昂起了机头，紧贴着水面蹒跚地飞行了几千米，在海滩旁的一排小木屋附近安全着陆。

这次试飞成功，引起美国海军部的高度重视。虽然当时有不少舰队指挥官仍然强烈反对继续进行这种试验，他们认为在大型军舰上安装飞行甲板会妨碍各种舰炮威力的发挥。但是，美国海军部却坚持拨出专款作进一步的试验，钱伯斯工程师甚至提出，所有的巡洋舰都应装上这种平台。同时，还有人提出把起飞平台装在战列舰炮塔上面的设想，等等。

在这股热情的推动下，钱伯斯获准让尤金·伊利在重巡洋舰"宾夕法尼亚"号上降落，飞行时间定于1911年1月18日，飞行地点在旧金山海湾。这次飞行是从海岸上起飞，在"宾夕法尼亚"号上降落，其操作难度更大，危险性也更大。同时，对军舰本身也相当危险，为此，伊利把自行车的内胎缠在身上作救生衣，在巡洋舰尾部上方安置了一块长约36米、宽约9.6米的平台，平台从巡洋舰的主桅杆下面一直伸到舰体之外。为了使飞机降落滑行时不至于冲出平台而掉入水中，故让试验在军舰航行时进行，以使飞机降落于舰体之上时能利用逆风的风速，从而比较容易控制飞机。同时，他们还在平台上横向配置了22道钩索，每道钩索两端用50磅重的沙袋系住。当飞机从海岸起飞降落于舰船之后，这种古老的方法迫使降落的飞机在其向前滑行的同时降低速度。1911年1月18日，在"宾夕法尼亚"号重巡洋舰上的飞行试验终于开始了。这一天天气很坏，由于风力大，"宾夕法尼亚"舰的舰长认为该舰所处水域太小，故临时决定抛锚，让舰尾迎风。可以这样说，该舰长的这一决定是非常错误的，他给伊利带来了更大的危险。好在伊利当时对这一危险的认识程度不足，他仍像平安无事一样，驾机向"宾夕法尼亚"号开去，并在着舰前迅速降低高度冲向舰尾，贴近平台的倾斜尾板时，他拉起飞机，迅速关闭引擎。由于飞机的冲力巨大，飞机轮子旁专门制作的铁挂钩只挂住了后面的11根拦阻索，在距平台前端仅9米的地方停了下来。紧接着，一个小时后，伊利又驾驶飞机从这艘巡洋舰上起飞，安全降落在海岸上。

这次试验的成功，引起了世界各国海军的普遍关注，各海军大国纷纷开始了类似的试验。可以这样说，这次试验与首次试验一起奠定了航空母舰作为一种新舰种的基础。

在第一次世界大战中，潜艇的作战威力日益显露，由于飞机在反潜作战中具有独特的反潜作战能力，使得飞机的作用和地位不断提高，故此，航空母舰的正式改装研究工作起步了。

由于美国部分高级将领强烈反对这项研究，使得美国已经取得的试验成果未能发挥它应有的作用。英国海军后来者居上，不久就将一艘巡洋舰"竞技神"号改装成世界上第一艘以搭载水上飞机为主要使命的航空母舰。1918年，英国海军将一艘巡洋舰的前、后甲板上的主炮塔拆除，铺上跑道，以甲板中部的上层建筑为界，舰首的跑道供飞机起飞用，舰尾的跑道供飞机降落用。这是最早出现的由旧军舰改装而成的真正的航空母舰，它能装载20架飞机。

由于飞机起飞跑道和降落跑道的分开铺设，使得在一艘长度有限的航空母舰上，起飞和降落的跑道均显得过于短小。经过多次试验，英国海军部决定将由客轮改建的"百眼巨人"号改装成全通式飞行甲板，割去烟囱，改成装在甲板边缘下面通向舰尾的水平排烟道，这样，飞机的起飞和降落就方便多了。

"百眼巨人"号航母

1922年，美国海军部终于力排众议，把一艘运煤船改装成美国第一艘航空母舰"兰格利"号，该舰标准排水量11050吨，满载排水量14700吨，可载机30多架。

就在同年底，日本新建了一艘航空母舰"凤翔"号，这是世界上第一艘直接设计和建造的航空母舰。该舰1919年开始设计，载机26架，它的出现，标志着浩瀚的大海上从此出现了初步具备现代航空母舰规模的"海上航空兵基地"。

1943年8月15日，大不列颠公众心目中最英俊的海军上将路易斯·厄尔·蒙巴顿，怀着对德国人的极端愤恨，在英美总参谋部魁北克战略会议上提出了一个令人难以相信的奇思妙想——建造世界舰船史上空前绝后的冰制航空母舰。

蒙巴顿上将是一位并不幸运的指挥官，德国人一度曾使他感到屈辱、无光。在他坐镇指挥的海战中，德国人曾两次将其坐舰击沉。此刻，蒙巴顿勋爵拔出手枪向会议桌上的两块冰块射去。第一块冰被击得粉碎，另一块冰却毫无损伤，子弹从冰块上滑开了，差点擦伤参加会议的美国海军上将欧内斯特·金的大腿。

蒙巴顿勋爵的表演就这样结束了，上将用枪布擦擦他那支令他自豪的枪，开始了有理有据的演说。他说："色泽混浊、未被击碎的冰块内掺入了一定比例的木屑，其硬度、强度比普通冰块大得多。如果用这种特制冰制作航空母舰，敌方潜艇的武器将无能为力。"并声称："由于钢铁材料的短缺，加之德国海军潜艇战的日益猖狂，利用这种经济、快速的特制冰制航空母舰，就等于掌握了取得战争胜利的武器"。蒙巴顿还认为，一艘长600米的人造冰航空母舰，既可作为浮动岛屿停放大批飞机，又可作为反攻希特勒控制的欧洲大陆的跳板。

在当时，仅1942年11月，盟军就有134艘86万吨的商船被德国潜艇击沉。在无法对付德国潜艇的前提下，冰制航空母舰的设想竟使丘吉尔也着了魔。

在这之前，美国科学家赫尔曼·马克和瓦尔特·霍恩斯泰发现，将棉花或纤维加入淡水研制而成的冰具有良好的机械性能和高强度。这一发现带来了蒙巴顿的热情推荐和丘吉尔的着迷。

总参谋长黑斯廷·伊斯梅很快就组成了一批工程技术人员和物理学家的研制小组。这些专家于1943年5月开始在加拿大落基山脉下的帕特里夏湖建造冰制航空母舰的模型。一个月后，一艘长20米、外面贴着木板，内壁涂着沥青、船体上凿有管道状通风孔的冰制航空母舰模型问世了。后来，这个巨大的冰疙瘩竟然安然度过了夏天而没有融化。

海军对设计中的航空母船提出了更高的要求：该舰必须能够经受30米高海浪的撞击，舰上的冰跑道长度必须能够让战斗轰炸机起飞，而且，当它受到鱼雷攻击或重创时，只需用冰水填上即可堵漏。

根据海军的要求，科学家们设计出一艘长600米，舰壁厚达12米，总重220万吨，有着26只螺旋推进器的"哈巴库克"号冰制航空母舰。该舰可容纳1500名士兵和200架飞机，内部装有冷气机，以使它在热带航行不至于融化。

这艘令世人瞩目的航空母舰的首批图纸很快就由蒙巴顿送到魁北克作战

会议上。据计划，该舰造价为8000万美元，美国总统罗斯福在蒙巴顿的游说下，竟也同意出资建造。

后来，因蒙巴顿被任命为盟军东南区战区总司令，加之一些技术权威认为冰制航母计划"荒唐透顶"，于是冰制航母的图纸从此成了海军档案馆中的资料。

"兰格利"号航母